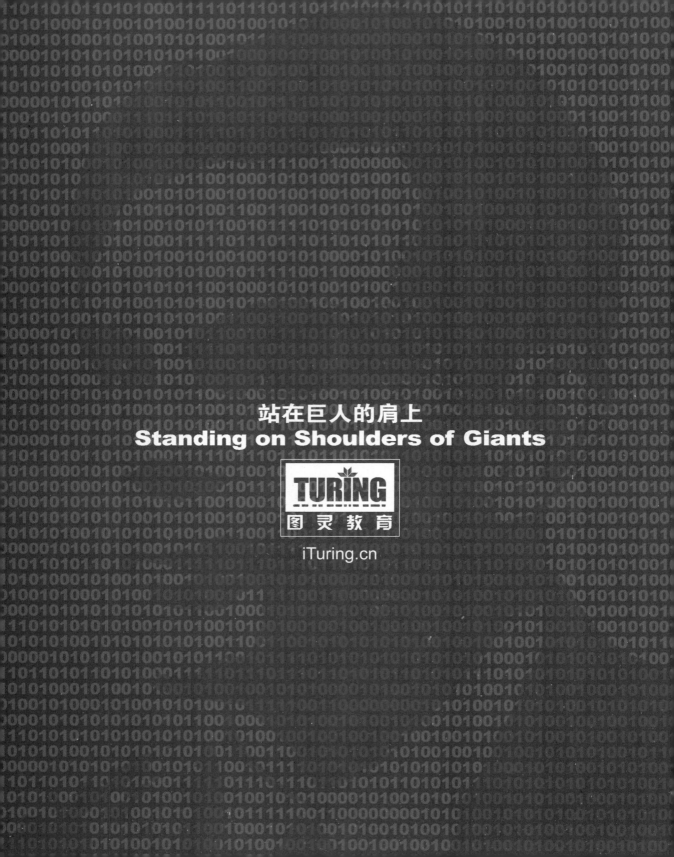

站在巨人的肩上
Standing on Shoulders of Giants

iTuring.cn

图灵程序设计丛书

[以色列] Amos Q. Haviv 著　陈世帝 译

# MEAN Web开发

## MEAN Web Development

人民邮电出版社
北　京

**图书在版编目（ＣＩＰ）数据**

MEAN Web开发 ／（以）哈维夫（Haviv,A.Q.）著；
陈世帝译. -- 北京：人民邮电出版社，2015.8
（图灵程序设计丛书）
ISBN 978-7-115-39663-1

Ⅰ. ①M··· Ⅱ. ①哈··· ②陈··· Ⅲ. ①网页制作工具
Ⅳ. ①TP393.092

中国版本图书馆CIP数据核字(2015)第144881号

## 内 容 提 要

　　MEAN 是最流行的 Web 开发工具的集合，包括 MongoDB、Express、AngularJS 和 Node.js。本书从 MEAN 的核心框架开始，详细阐述了每一种框架的关键概念，如何正确地设置它们，以及如何用流行的模块把它们连接在一起。通过本书的实例练习，你能搭建自己的 MEAN 应用架构，通过添加认证层，开发 MVC 架构支持自己的项目开发。最后，你将学会使用不同的工具和框架加快你的日常开发进程。

　　本书适合对利用 MEAN 开发现代 Web 应用感兴趣的 Web 开发者或 JavaScript 全栈开发者阅读。

◆ 著　　　　[以色列] Amos Q. Haviv
　　译　　　　陈世帝
　　责任编辑　岳新欣
　　执行编辑　牛梦亚　冯雪松
　　责任印制　杨林杰
◆ 人民邮电出版社出版发行　　北京市丰台区成寿寺路11号
　　邮编　100164　电子邮件　315@ptpress.com.cn
　　网址　http://www.ptpress.com.cn
　　三河市海波印务有限公司印刷
◆ 开本：800×1000　1/16
　　印张：16
　　字数：378千字　　　　　　　　2015年8月第1版
　　印数：1-3 500册　　　　　　　2015年8月河北第1次印刷
　　著作权合同登记号　图字：01-2015-2827号

定价：59.00元
读者服务热线：(010)51095186转600　印装质量热线：(010)81055316
反盗版热线：(010)81055315
广告经营许可证：京崇工商广字第 0021 号

# 版权声明

# 致　　谢

　　我要感谢我的爱人Einat Shahak，感谢她忍受我那乱糟糟的工作间，忍受我经常在深更半夜召开技术会议。她见证了我人生中每一次重要的转折，并给予我绝对的鼓励和支持。感谢我的父母，是他们帮助我成长为现在的我。感谢我的兄弟们时刻提醒我要成为怎样的人。我还要感谢我亲爱的朋友和同事Roie Schwaber-Cohen，没有他的努力和支持，就不会有MEAN，也不会有这本书的诞生。

　　最后，我要感谢开源社区的开发人员和贡献者们，是他们让这个社区强大而又富有创造力。我从你们身上学到的东西，远远超出了我的想象。

# 前　　言

回首1995年春天，那时的浏览器与现在大不一样。万维网面世已有4年（标志是Tim Berners-Lee编写的第一个浏览器），距离Mosaic浏览器的首次发布已有两年，而Internet Explorer 1.0过几个月也要发布了。万维网开始显露出流行的迹象，虽然一些大公司对这一领域也表现出兴趣，但当时真正有所作为的却是一家名为Netscape的小公司。

Netscape当时广受欢迎的浏览器Netscape Navigator正在进行第2版的开发，而此时客户端工程师团队和联合创始人Marc Anderseen决定在Navigator 2.0中嵌入一种编程语言。这一任务分配给了软件工程师Branden Eich，从1995年5月6日至5月15日，他用了10天时间就完成了。这一语言被命名为Mocha，后来改名为LiveScript，并最终定名为JavaScript。

1995年9月，Netscape Navigator 2.0发布，它改变了大家对浏览器的看法。至1996年8月，Internet Explorer 3.0实现了对JavaScript的支持。同年11月，Netscape宣布他们已经将JavaScript提交到ECMA进行标准化。1997年6月，ECMA-262规范公布，使得JavaScript成为事实上的Web标准编程语言。

多年来，JavaScript被很多人贬低为业余爱好者使用的编程语言。JavaScript的架构、碎片化的实现以及最初的"业余"受众，使得专业程序员都把它忽视了。直到AJAX的出现，以及2005年左右Google发布了Gmail和Google Maps，此时AJAX技术可以将Web网站转换成Web应用的形势才突然明朗起来。这鼓舞着新一代Web开发人员推动JavaScript的开发，使它更上一层楼。

首先是第一代工具库问世了，比如jQuery和Prototype。不久，Google在2008年年底又发布了Google Chrome和它使用的V8 JavaScript引擎。V8的即时编译器极大提升了JavaScript的性能。这开启了JavaScript开发的新纪元。

2009年是JavaScript发生翻天覆地变化的一年：Node.js等平台使开发人员可以在服务器上运行JavaScript；MongoDB等数据库普及并简化了JSON存储；AngularJS等框架开始使用强大的新一代浏览器。JavaScript从面世到无所不在，用了将近20年时间。曾经被"门外汉"用来执行小脚本的编程语言，如今已经成为世界上最流行的编程语言之一。不断丰富的开源协作工具，连同乐于奉献的天才工程师们，创造出了世界上最有价值的社区之一。而这些贡献者们种下的种子，如今正以涌泉般的创造力蓬勃生长。

这一变革的影响是巨大的。过去的开发团队是分立的，每个人都是各自领域的专家，现在全部都使用同一种语言进行更加精益、更加敏捷的软件开发，成为了一个统一的团队。

如今已经有许多的JavaScript全栈开发框架，有些由伟大的团队所开发，有些解决了很重要的问题，但没有一个像MEAN这样开放而又兼具模块化。MEAN的理念很简单，用MongoDB作为数据库，Express作为Web框架，AngularJS作为前端框架，Node.js作为平台，并运用模块化的方法将它们整合在一起，以保证其符合现代软件开发的灵活性。MEAN方法依赖于其各开源模块的社区，这保持了它的更新和稳定，并确保即使某一模块无法使用，也可以用更适合的模块无缝替换。

欢迎你参与到JavaScript的变革中，我保证将尽全力帮助你成为一个JavaScript全栈工程师。

在本书里，我们将帮你配置开发环境，说明怎样用最合适的模块来连接MEAN的各个组件。我们会介绍保持代码简单、清晰以及避免常见问题的最佳实践。我们还会讲解如何创建你的身份验证层，并添加首个实体。你会学到如何在创建服务器端和客户端应用程序之间的实时通信时，利用JavaScript的非阻塞架构。最后，我们还会向你展示如何用适当的测试来测试代码，以及使用哪些工具来使开发过程自动化。

## 本书主要内容

第1章"MEAN简介"，让你初识MEAN，并学会在不同的操作系统上安装MEAN。

第2章"Node.js入门"，介绍Node.js的基础知识，以及如何用它进行Web应用开发。

第3章"使用Express开发Web应用"，说明如何创建和构造一个遵循MVC模式的Express应用。

第4章"MongoDB入门"，解释MongoDB的基本理论，以及如何用它来存储你的应用程序数据。

第5章"Mongoose入门"，演示如何在Express应用中使用Mongoose来连接MongoDB数据库。

第6章"使用Passport模块管理用户权限"，介绍如何管理用户身份验证和提供多种不同的登录选项。

第7章"AngularJS入门"，阐述如何实现一个与Express应用协同的AngularJS应用。

第8章"创建MEAN的CURD模块"，解释如何编写和使用MEAN应用中的各种实体。

第9章"基于Socket.io的实时通信"，展示如何在客户端与服务器间创建和使用实时通信。

第10章"MEAN应用的测试"，介绍如何针对MEAN应用的不同部分进行自动化测试。

第11章"MEAN应用的调试与自动化"，解释如何让你的MEAN应用更发更加高效。

## 阅读本书的前提

本书适合对HTML、CSS和现代JavaScript开发有一定了解的初级和中级Web开发人员。

## 本书读者

对使用MongoDB、Express、AngularJS和Node.js开发现代Web应用有兴趣的Web开发人员。

## 排版约定

在本书中，你会发现一些不同的文本样式，用以区别不同种类的信息。下面是这些样式的一些例子和解释。

● 楷体

表示新术语。

● 等宽字体

表示程序中使用的变量名、关键字。

代码段格式如下所示：

```
var message = 'Hello';

exports.sayHello = function(){
  console.log(message);
}
```

当我们希望你注意代码块中的某些部分时，相关的行或者文字会被加粗：

```
var connect = require('connect');
var app = connect();
app.listen(3000);

console.log('Server running at http://localhost:3000/');
```

命令行输入或输出如下所示：

```
$ node server
```

 这个图标表示警告或需要特别注意的内容。

这个图标表示提示或者技巧。

## 读者反馈

欢迎提出反馈。如果你对本书有任何想法，喜欢它什么，不喜欢它什么，请让我们知道。要写出真正对大家有帮助的图书，读者的反馈很重要。

一般的反馈，请发送电子邮件至feedback@packtpub.com，并在邮件主题中包含书名。

如果你有某个主题的专业知识，并且有兴趣写成或帮助促成一本书，请参考我们的作者指南http://www.packtpub.com/authors。

## 客户支持

现在，你是一位令我们自豪的Packt图书的拥有者，我们会尽全力帮你充分利用你手中的书。

## 下载示例代码

你可以用你的账户从http://www.packtpub.com下载所有已购买Packt图书的示例代码文件。如果你从其他地方购买本书，可以访问http://www.packtpub.com/support并注册，我们将通过电子邮件把文件发送给你。

## 勘误表

虽然我们已尽力确保本书内容正确，但出错仍旧在所难免。如果你在我们的书中发现错误，不管是文本还是代码，希望能告知我们，我们不胜感激。这样做，你可以使其他读者免受挫败，帮助我们改进本书的后续版本。如果你发现任何错误，请访问 http://www.packtpub.com/submit-errata提交，选择你的书，点击勘误表提交表单的链接，并输入详细说明。勘误一经核实，你的提交将被接受，此勘误将上传到本公司网站或添加到现有勘误表。从http://www.packtpub.com/support选择书名就可以查看现有的勘误表。

## 侵权行为

版权材料在互联网上的盗版是所有媒体都要面对的问题。Packt非常重视保护版权和许可证。如果你发现我们的作品在互联网上被非法复制，不管以什么形式，都请立即为我们提供位置地址或网站名称，以便我们可以寻求补救。

请把可疑盗版材料的链接发到copyright@packtpub.com。

非常感谢你帮助我们保护作者，以及保护我们给你带来有价值内容的能力。

## 问题

如果你对本书内容存有疑问，不管是哪个方面，都可以通过questions@packtpub.com联系我们，我们将尽最大努力来解决。

# 目 录

# 第 1 章

# MEAN 简介

MEAN是一个强大的JavaScript全栈解决方案，它由四大组件组成：数据库MongoDB、Web服务器框架Express、Web客户端框架AngularJS，以及服务器平台Node.js。这些组件由不同的团队开发，由开发人员和倡导者组成的社区推动各个模块的开发，并为其创建相关文档。MEAN的主要优势在于其以JavaScript为主要的编程语言。但是，将这些组件结合起来会导致扩展和架构问题，这会极大影响开发过程。

本书将介绍搭建MEAN应用的最佳实践以及搭建过程中存在的一些已知问题。在真正开始MEAN开发前，首先需要配置环境。本章仅涉及一点编程概述，主要介绍如何正确搭建MEAN应用基本环境。学完本章，你将知晓如何在常见的操作系统上安装和配置MongoDB及Node.js，以及如何使用Node.js的包管理器。本章主要包含如下内容：

❏ MEAN的架构介绍；
❏ 在Windows、Linux及Mac OS X上安装和运行MongoDB；
❏ 在Windows、Linux及Mac OS X上安装和运行Node.js；
❏ Node.js包管理器（NPM）介绍，以及如何使用它来安装Node模块。

## 1.1 三层 Web 应用开发

大多数Web应用都采用了三层架构，包括数据层、逻辑层和展现层。Web应用的应用结构通常分为数据库、服务器和客户端，而在现代Web开发中，它还可以分为数据库、服务器逻辑、客户端逻辑和客户端UI。

MVC架构是实现三层架构的一种比较流行的范式。在MVC范式中，逻辑、数据与显示分别被转化为三种对象，每个对象都有其独特的功能。视图（View）控制显示部分，处理用户交互。控制器（Controller）响应系统和用户事件，支配模型和视图作出相应的变化。模型（Model）负责数据操作，根据控制器的指令对数据请求和状态修改作出响应。下图简单地描述了MVC。

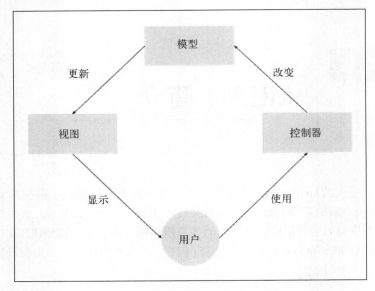

常规MVC架构的通信

在过去25年的Web开发中，很多创建三层Web应用的技术流行起来，在这些已经普遍存在的技术中，你可能听说过LAMP、.NET，以及其他很多框架或工具。但这些技术最大的问题是每层都有各自的知识基础要求，而这些要求往往又超出了单个开发人员的能力所及，这一点会迫使团队规模超出实际所需，效率也会相应降低，并且会带来各种未知的风险。

## 1.2　JavaScript 的演进

JavaScript是一个专为Web创造的解释型编程语言。在最早被Netscape Navigator浏览器支持之后，JavaScript成为浏览器执行客户端逻辑的编程语言。在21世纪的第一个十年中期，网站到Web应用的转换，以及高速浏览器的发布，促使使用JavaScript编写更为复杂的应用程序的开发人员社区逐步形成。这些开发人员开始编写一些库和工具来缩短开发周期，并创造出了新一代更为高端的Web应用，同时也带来了对更高速浏览器的持续需求。这一循环持续了很多年，浏览器厂商不断改进他们的浏览器，JavaScript程序员又不断地提出新的需求。真正的革命始于2008年，当时Google发布了Chrome浏览器，还带来了更迅速的即时编译器——JavaScript V8引擎。Google的V8引擎大大提升了JavaScript的执行效率，进而彻底改变了Web应用的开发过程。更重要的是，V8引擎是开源的，允许开发人员在浏览器之外重新塑造JavaScript。Node.js是这次革命的第一批产物之一。

在尝试了很多其他选择后，程序员Ryan Dahl发现V8引擎刚好适合他的非阻塞I/O试验品Node.js。该试验品的理念很简单，为开发人员创建一个非阻塞的程序，让他们更好地利用系统资源并编写出更具响应性的应用程序。最终通过利用JavaScript的非阻塞特性，一个极小但是功能强大，且独立于浏览器的平台被搭建出来。Node简炼的模块系统使得开发人员能够通过利用第三方模块自由地扩展平台，从而使几乎所有功能得以实现。在线社区的反作用促进了多种工具的创建，从现代Web框架到机器人服务平台等。然而，服务器端JavaScript仅仅是一个开始。

2007年，已经在Web应用开发中积累了大量经验的Dwight Merriman和Eliot Horowitz，开始联手打造一个可扩展的虚拟主机解决方案。但是结果不尽人意，因此在2009年，他们决定将平台切分后开源，其中包括基于V8的数据库——MongoDB。MongoDB的名字来源于humongous，它是一个使用类JSON动态模式数据模型的可扩展NoSQL数据库。通过使开发人员能够灵活处理复杂数据，以及提供关系数据库的一些特性，如高级查询和易扩展性，MongoDB备受瞩目。而其所提供的特性最终使MongoDB成为NoSQL数据库主导解决方案之一。JavaScript又一次打破了边界。然而JavaScript的革命者们没有忘记他们的初衷，事实上，现代浏览器的流行创造了JavaScript前端框架开发的新浪潮。

2009年，Miško Hevery和Adam Abrons在搭建一个以JSON提供服务的平台时发现，仅靠JavaScript通用类库已经远远无法满足需求。这个平台的富Web应用特性需要一个可以减少枯燥工作，并能维护现有代码库的结构化框架。在放弃了最开始的打算后，他们决定开发一个满足这一需求的前端框架——AngularJS，并将其开源。想法是将HTML和JavaScript更好地融合在一起，并支持推广单页应用开发。最终一个富Web框架诞生了，它将双向数据绑定、跨组件依赖注入、基于MVC的组件等概念带到了Web前端开发人员面前。AngularJS和其他MVC框架彻底改变了Web前端开发，将一度难以维护的前端代码转化为支持测试驱动开发（TDD）等高级开发模式的有组织的代码库。

借助不断丰富的开源协作工具，乐于奉献的天才工程师们创造了世界上最有价值的社区之一。更重要的是，这些主要变革使得在三层Web应用开发中，所有层的编程语言全部统一到JavaScript上来——这一理念被称之为全栈JavaScript，MEAN是这一理念的硕果之一。

## 1.3　MEAN 简介

MEAN是MongoDB、Express、AngularJS和Node.js的缩写。其理念是仅使用JavaScript一种语言来驱动整个应用。其最鲜明的特点有以下几个：

- ❑ 整个应用只使用一种语言；
- ❑ 整个应用的所有部分都支持MVC架构，而且都必须使用MVC架构；
- ❑ 不再需要对数据结构进行串行化和并行化操作,只需使用JSON对象来进行数据封装即可。

但是，依然有一些很重要的问题等待我们去探索答案。

- ❑ 怎样将所有组件连接在一起?
- ❑ Node.js是一个由众多模块组成的庞大生态系统,那么我们该选择哪些模块使用呢?
- ❑ JavaScript是范式不可知的,那么怎样维护应用的MVC结构?
- ❑ JSON是一个不需要定义模型的数据结构,那么应该在何时以怎样的方式对数据进行建模?
- ❑ 怎样处理用户的身份验证?
- ❑ 怎样用Node.js的非阻塞架构来进行实时交互?
- ❑ 怎样测试MEAN的代码库?
- ❑ 有哪些JavaScrip开发工具可以用来加速MEAN应用的开发?

本书要解决的问题远不止这些,但在开始之前,首先需要安装一些必备的工具。

# 1.4  安装 MongoDB

如果想要安装MongoDB的稳定版,最简单的办法是去MongoDB的官方网站上下载二进制安装文件,该网站分别提供了与Linux、Mac OS X和Windows相应的版本。务必注意,你下载的版本必须与你的操作系统架构相对应。如果你的操作系统是Windows或者Linux,请根据你的系统架构下载32位或者64位版本,如果是Mac OS X则最好下载64位版本。

> MongoDB的版本号规则是,偶数标明的是稳定版,因此2.2.x和2.4.x都是稳定版,而2.1.x和2.3.x则是非稳定版,不能用于生产环境。目前最新的稳定版是2.6.x。

在MongoDB的下载页面(http://mongodb.org/downloads),下载包含有二进制安装文件的压缩包。下载完成之后,将压缩包解压。mongod文件通常位于bin目录下。mongod进程运行的是MongoDB服务器的主进程,它可以作为一个独立的服务器,也可以作为MongoDB主从复制集中的从结点。在这里,我们将MongoDB作为一个独立服务器。mongod进程需要一个存储数据库文件的文件夹,其文件夹默认为/data/db,还需要一个监听服务器端口,其默认端口为27017。在接下来的几个小节中,我们将从最常用的Windows开始,来逐步了解MongoDB在不同操作系统中的安装过程。

> 与MongoDB相关的更多信息,请参见MongoDB的官方文档库(https://mongodb.org)。

### 1.4.1 在Windows上安装MongoDB

从MongoDB官网上下载与你的操作系统相对应的安装文件后，将其解压，并移动到c:\mongodb路径下。在Windows系统中，MongoDB默认的数据文件存储目录为C:\data\db 。在命令提示符窗口中，进入到c:\下，输入如下的命令：

```
> md data\db
```

 你也可以在启动mongod时，通过--dbpath这个命令行参数来指定数据文件存储目录。

将MongoDB的文件放在正确的位置，并且创建好数据存储目录后，安装即完成。有以下两种方式来运行MongoDB的主服务。

#### 1. 手动运行MongoDB服务

想要手动运行MongoDB，只需要运行二进制文件mongod即可。打开命令提示符窗口，运行如下命令：

```
> C:\mongodb\bin\mongod.exe
```

上面的命令可以启动MongoDB服务，监听27017端口。如果一切正常，你将会看到与下图类似的命令行输出。

在Windows上启动MongoDB服务

当Windows安全级别较高时，将会弹出提示你禁止相关服务功能的安全警告。在遇到这种情况时，请选择一个私有网络并点击允许访问（Allow Access）。

> 你应该了解的是，作为一个独立的服务，MongoDB在任何当选目录下都能正常运行。

### 2. 以Windows系统服务方式运行MongoDB

运行MongoDB，更常规的做法是在每次系统启动后自动运行该服务。设置以系统服务启动MongoDB，需要为MongoDB的日志和配置文件指定一个存储路径，运行以下命令创建该路径：

```
> md C:\mongodb\log
```

接下来，可以通过运行--logpath命令来创建MongoDB的配置文件。在命令提示符窗口中，输入如下命令：

```
> echo logpath=C:\mongodb\log\mongo.log > C:\mongodb\mongod.cfg
```

配置文件创建完成后，以管理员权限打开一个新的命令提示符窗口。方法是在开始菜单或者资源管理器中找到命令提示符的图标，单击右键并选择以管理员身份运行（Run as administrator）。在新的命令提示符窗口中，运行如下命令安装MongoDB服务：

```
> sc.exe create MongoDB binPath= "\"C:\mongodb\bin\mongod.exe\" --service
--config=\"C:\mongodb\mongod.cfg\"" DisplayName= "MongoDB 2.6" start= "auto"
```

服务创建成功后，将会输出如下所示的日志信息：

```
[SC] CreateService SUCCESS
```

注意，要想系统服务成功安装，包含logpath参数的配置文件必须正确创建。安装完MongoDB服务后，以管理员权限打开命令提示符窗口，你可以通过运行如下命令来启动该服务：

```
> net start MongoDB
```

**下载示例代码**

> 如果是通过Packt账号购买的Packt图书，可以在http://www.packtpub.com上下载相关的示例代码文件。如果是其他方式，可以访问http://www.packtpub.com/support，然后注册申请，以邮件方式获取其示例代码文件。

注意，如有需要，可以对MongoDB的配置文件进行修改。详情请参见http://docs.mongodb.org/manual/reference/configuration-options/。

### 1.4.2 在Mac OS X和Linux上安装MongoDB

这部分将介绍在Unix系统上安装MongoDB的几种方法。下面从最简单的方法开始讲述——使用下载的MongoDB已预编译二进制文件。

#### 1. 使用二进制文件安装MongoDB

除了从http://www.mongodb.org/downloads上下载与操作系统相应的二进制文件外，也可以用下面的命令使用CURL来下载：

```
$ curl -O http://downloads.mongodb.org/osx/mongodb-osx-x86_64-2.6.4.tgz
```

上述命令下载的是Mac OS X 64位版。根据操作系统的不同，需要对这个命令中的下载地址进行相应的修改。文件下载完成后，可以通过下面的命令来解压：

```
$ tar -zxvf mongodb-osx-x86_64-2.6.4.tgz
```

使用下面的命令简化解压后的文件夹名：

```
$ mv mongodb-osx-x86_64-2.6.4 mongodb
```

MongoDB的数据文件存储在其默认文件夹下，在Mac OS X和Linux系统中，该默认文件夹的路径为/data/db。在命令行工具中运行如下的命令：

```
$ mkdir -p /data/db
```

 创建文件夹时可能会出现一些权限问题，使用sudo或者超级用户来运行上述的命令即可。

上述命令的-p参数会逐级创建目录，因此该命令会创建文件夹data和db。需要注意的是，所创建的文件夹并不处于home目录下。运行如下命令，确保设置了该文件夹的权限：

```
$ chown -R $USER /data/db
```

一切就绪之后，在命令行工具中，进入到MongoDB所在目录的bin文件夹，启动mongod服务：

```
$ cd mongodb/bin
$ mongod
```

这就启动了MongoDB服务，并开始监听27017端口。如果一切正常，将显示类似于下图的命令行输出：

在Mac OS X上启动MongoDB服务

**2. 使用包管理器安装MongoDB**

某些情况下，使用包管理器安装MongoDB是最简便的方法。不过缺点是有些包管理器并没有提供对最新版本的支持。好在MongoDB团队维护着针对RedHat、Debian和Ubuntu的官方包，并支持Mac OS X的Hombrew包管理器。请注意，为下载MongoDB服务器官方软件包，必须对配置包管理器库进行配置。

要在Red Hat Enterprise、CentOS和Fedora上使用Yum安装，请参阅http://docs.mongodb.org/manual/tutorial/installmongodb-on-red-hat-centos-or-fedora-linux/。

要在Ubuntu上使用APT安装MongoDB，请参阅http://docs.mongodb.org/manual/tutorial/install-mongodb-on-ubuntu/。

要在Debian上使用APT安装MongoDB，请参阅http://docs.mongodb.org/manual/tutorial/install-mongodb-on-debian/。

要在Mac OS X上使用Homebrew安装MongoDB，请参阅http://docs.mongodb.org/manual/tutorial/install-mongodb-on-os-x/。

## 1.4.3  使用MongoDB命令行工具

MongoDB压缩包里包含一个MongoDB命令行工具，可以用它来使用命令行与运行中的服务实例进行交互。进入MongoDB的bin目录，运行mongo服务即可启动。

```
$ cd mongodb/bin
$ mongo
```

只要MongoDB安装无误，命令行工具将自动使用test数据库连接本地服务实例。命令行将会有类似于下图的输出：

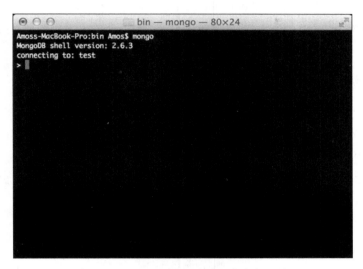

在Mac OS X上运行MongoDB命令行工具

运行如下命令进行数据库测试：

```
> db.articles.insert({title: "Hello World"})
```

上述命令将创建一个名为article的集合，并插入一个包含title属性的JSON对象。执行如下命令检索article集合中的对象：

```
> db.articles.find()
```

命令行将会有如下的输出：

```
{ _id : ObjectId("52d02240e4b01d67d71ad577"), title: "Hello World " }
```

大功告成！这表明MongoDB实例已经正常运行，并且成功地通过MongoDB命令行工具与之交互。在后面的章节中，将会进一步介绍MongoDB及MongoDB命令行工具的使用。

## 1.5　安装 Node.js

安装Node.js稳定版本最简单的办法也是使用二进制文件，Node.js官方网站上提供了下载地址，可用于Linux、Mac OS X和Windows系统。同样要注意下载与目标操作系统架构一致的文件。

如果你使用的是Windows和Linux，则要注意对32位和64位版本的选择。基于安全的考虑，Mac用户应选择64位版为宜。

> Node.js的版本号模式与MongoDB一致，版本号为偶数的是稳定版，如0.8.x和0.10.x都是稳定的，而0.9.x和0.11.x则不应用于生产环境。目前最新的稳定版是0.10.x。

## 1.5.1  在Windows上安装Node.js

在Windows上安装Node.js是项很简单的任务，使用一个单独的安装程序即可完成。第一步，在http://nodejs.org/download/上下载正确的.msi文件，注意有32位和64位版本的区分，下载时选择与操作系统架构相应的版本。

运行下载的安装程序，如果弹出了安全警告窗口，点击运行（Run）即可启动安装向导，接着与下图类似的安装界面将会出现：

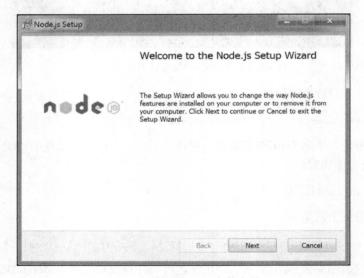

Windows中的Node.js安装向导

点击Next即可开始安装。片刻之后，与下图类似的安装成功提示将会出现。

Windows中的Node.js安装成功确认

## 1.5.2　在Mac OS X上安装Node.js

在Mac OS X上使用一个单独的安装程序即可简便完成Node.js的安装。用于安装的.pkg文件可在http://nodejs.org/download/上下载。

下载完成后，运行安装程序即可看到与下图类似的安装界面：

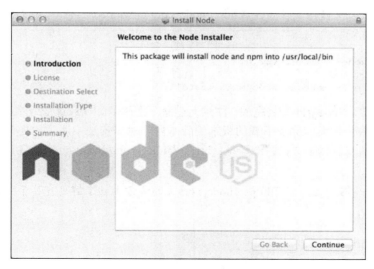

Mac OS X上Node.js安装向导

点击Continue即可开始安装。安装程序需要你确认许可证协议和选择目标文件夹。选择最佳选项之后再次点击Continue按钮，安装程序需要你确认安装信息，并要求你输入系统用户密码。片刻之后，与下图类似的界面将会出现，提示你Node.js安装成功。

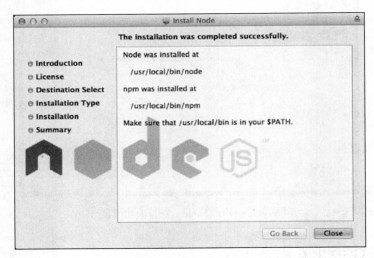

Mac OS X上Node.js安装成功确认

### 1.5.3    在Linux上安装Node.js

在Linux上安装Node.js，需要在官网上下载tarball包文件。最好的办法是下载最新的源代码，然后编译并生成安装文件再安装。先到http://nodejs.org/download/下载.tar.gz文件，使用如下命令对文件进行解压并安装：

```
$ tar -zxf node-v0.10.31.tar.gz
$ cd node-v0.10.31
$ ./configure && make && sudo make install
```

如果一切正常，Node.js即安装完成。注意上述命令是用于0.10.31这个版本的。请注意在运行该命令之前将此数字替换为你所下载的版本的版本号。对于安装中遇到的任何问题，可以查阅Node.js团队创建的安装选项文档，地址为：https://github.com/joyent/node/wiki/installation。

    你可以通过访问https://nodejs.org上的官方文档了解更多关于Node.js的信息。

### 1.5.4    运行Node.js

安装完成后，可以通过Node.js提供的命令行界面（Commond-Line Interface，CLI）使用Node.js。

在命令行工具中执行如下命令：

```
$ node
```

这便可启动Node.js的命令行界面，它可以接收JavaScript语句的输入。测试安装是否成功，运行如下命令：

```
> console.log('Node is up and running!');
Node is up and running!
undefined
```

执行成功！不过最好再试试JavaScript文件的执行。创建一个名为application.js的文件，然后在文件中输入如下代码：

```
console.log('Node is up and running!');
```

执行如下命令将上述文件名设置为Node命令行界面的第一个参数，即可运行该文件：

```
$ node application.js
Node is up and running!
```

执行完成！你的第一个Node.js应用创建成功。使用CTRL+D或者CTRL+C退出Node命令行界面。

## 1.6　NPM 简介

Node只是一个平台，它的功能和API将只是一个最小集。想获得更多的功能，可以使用模块系统来扩展平台。安装、更新和删除Node.js模块最好的方法是使用NPM工具。NPM有如下两个主要特性：

❑ 作为包注册登记中心，用于第三方模块的查阅、下载和安装；
❑ 作为命令行界面，用于管理项目或系统全局的包。

通常情况下，安装Node.js时即一并安装了NPM，我们就直接开始用它吧。

### NPM使用

为了理解NPM是如何工作的，可以先试着安装一下后面的章节将会用到的Express这个Web框架。NPM是一个稳健的包管理器，它集中注册了公开的模块。你可以通过访问官方网站https://npmjs.org/浏览所有可用的公开包。

大多数注册到登记中心的包都是开源的，由Node.js社区开发人员提供。在开发一个开源的模块时，包的作者可以决定是否将其发布到集中注册登记中心，以便让其他开发人员下载并用于各自的项目中。在包配置文件中，包作者会选择一个唯一标示符作为包的名字，以用于包的下载。

你可以通过访问https://npmjs.org上的官方文档了解更多关于Node.js的信息。

### 1. NPM的安装过程

务必注意，NPM有两种安装模式：本地和全局。常规的做法是将第三方包以本地模式安装到应用目录下的node_modules文件夹中，这也是NPM默认的安装模式。它不会影响到系统全局，更不会增加一些不必要的全局文件而污染系统。

全局模式用来安装需要作为全局使用的Node.js的安装包。通常这些包都是一些命令行工具，比如后面的章节将会涉及的Grunt。通常情况下，这些包的作者会给出明确提示，这些包需要全局安装。因此，当无法确认使用哪种安装模式时，就选择本地模式。全局模式安装的模块可以用于本系统中所有Node.js应用，类Unix系统中的安装路径一般为/usr/local/lib/node_modules，Windows中的一般为C:\Users\%USERNAME%\AppData\Roaming\npm\node_modules。

(1) 使用NPM安装包

找到需要安装的安装包之后，可以使用如下命令来安装：

```
$ npm install <Package Unique Name>
```

全局安装模式与本地安装模式类似，只需要加一个-g参数：

```
$ npm install -g <Package Unique Name>
```

如果当前用户没有权限进行全局模式安装，使用root用户或者sudo进行安装即可。

例如，我们想在本地安装Express，首先进入应用所在目录，然后执行如下命令：

```
$ npm install express
```

上述命令将在本地的node_modules目录中安装Express的最新稳定版。此外，NPM还支持多种语义的版本号，在安装某一指定版本时，如下所示运行npm命令进行安装：

```
$ npm install <Package Unique Name>@<Package Version>
```

例如，要安装Express的第二个大版本，可以使用如下命令：

```
$ npm install express@2.x
```

这样便可安装Express 2的最新稳定版。上述命令格式支持NPM下载并安装Express 2的任意次要版本。想要了解更多关于所支持的语义版本语法的信息，请访问https://github.com/isaacs/node-semver。

如果需要安装的包存在依赖软件包，NPM会自动安装其所依赖的包，并在包的文件夹内创建node_modules，用以存储依赖包。在上述例子中，Express的依赖包将会安装到node_modules/express/node_modules中。

(2) 使用NPM删除包

要删除所安装的包，首先进入应用所在文件夹，并执行如下命令即可：

```
$ npm uninstall < Package Unique Name>
```

NPM会根据指定的安装包名称查找包，找到之后可以从本地的node_nodules目录中删除它。要想删除一个全局包，增加一个-g参数即可，如下所示：

```
$ npm uninstall -g < Package Unique Name>
```

(3) 使用NPM更新包

想要将包更新到最新版，执行如下命令：

```
$ npm update < Package Unique Name>
```

不管本地是否存在这个包，NPM都会去下载和安装该指定包的最新版。要想更新一个全局包，执行如下命令：

```
$ npm update -g < Package Unique Name>
```

### 2. 使用package.json管理依赖

安装一个包很简单，但很快，你的应用会需要用到一些依赖包，这时就需要一个更好的方法管理这些依赖包。基于这一目的，NPM支持通过使用配置文件来定义应用的各个元数据属性，如应用的名称、版本、作者名字等。该配置文件名为package.json，存储于应用根目录下。除自定义的应用外，它还可以用来自定义应用的依赖。

package.json文件是一个JSON文件，应用的属性以键值的方式存储在其中。

一个使用Express和Grunt最新版的应用的package.json是这样定义的：

```
{
  "name" : "MEAN",
  "version" : "0.0.1",
  "dependencies" : {
    "express" : "latest",
    "grunt" : "latest"
  }
}
```

 应用的名字和版本号是必填项，去掉这两个属性将会影响到NPM的使用。

(1) 创建package.json文件

除了手动创建package.json文件，还有一种更简单的方法，那就是使用npm init命令。在命令行工具中输入如下命令：

```
$ npm init
```

NPM会提出一些关于应用的问题，并自动创建一个新的package.json文件。示例创建过程类似于下图所示：

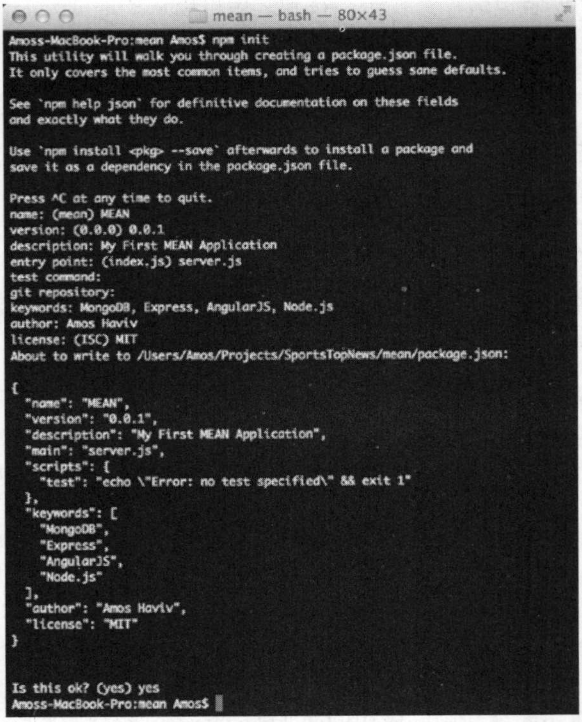

在Mac OS X中使用NPM init

上述文件创建完成后，可以修改该文件并添加一些相关的依赖属性。一般的package.json格式如下：

```
{
  "name": "MEAN",
  "version": "0.0.1",
  "description": "My First MEAN Application",
  "main": "server.js",
  "scripts": {
    "test": "echo \"Error: no test specified\" && exit 1"
```

```
  },
  "keywords": [
    "MongoDB",
    "Express",
    "AngularJS",
    "Node.js"
  ],
  "author": "Amos Haviv",
  "license": "MIT",
  "dependencies": {
    "express": "latest",
    "grunt": "latest"
  }
}
```

 　　上述示例代码中使用了latest作为关键字，以便NPM能够安装这些包的最新版。但是，为避免在开发周期内应用依赖包不断发生变化，我们强烈建议你指定一个具体的版本号或者版本号范围。原因在于一些包的新版本并不一定会向前兼容旧版本，这将会给你的应用带来极大的影响。

(2) 安装package.json中的依赖

创建完package.json文件后，就可以用它来安装应用的依赖了。进入应用的根目录，在命令行中执行npm install命令，如下所示：

**$ npm install**

NPM会自动检测到已存在的package.json文件，并根据该文件中的配置将应用的依赖安装到本地的node_modules文件夹中。另外一个安装应用依赖的方法是使用npm update命令，而且在某些情况下，这种方法更为简便。如下所示：

**$ npm update**

这样既可保证所有的包都会被安装，又能将已安装的包更新到其指定的版本（或版本范围）。

(3) 更新package.json文件

npm install命令还有一个强大的功能，那就是在安装包的同时，将包的信息保存到package.json的依赖关系中。只需要在安装包的时候加上--save参数即可。例如，要安装最新版的Express并将其加入到依赖关系中，执行如下命令即可：

**$ npm install express --save**

NPM将安装最新版的Express，并在package.json中添加对Express的依赖。在后面的章节中，为了便于理解，我们将手动编辑package.json文件。但这一特性在日常开发中是有效的。

关于更多NPM配置文件相关选项的说明，请参见https://npmjs.org/doc/json.html上的官方文档。

## 1.7　总结

本章中，你学到了如何安装MongoDB及使用命令行工具连接本地的数据库实例。也学到了如何安装Node.js以及使用Node.js命令行工具。还了解了NPM，以及如何使用NPM下载和安装Node.js包，如何使用package.json文件轻松地管理应用的依赖。下一章中，我们将讨论Node.js基础知识，以及如何创建Node.js Web应用。

# 第2章

# Node.js入门

上一章介绍了如何配置你的开发环境，并讨论了一些基本的Node.js开发原则。本章将介绍怎样创建Node.js Web应用。你将会了解到JavaScript的基本特性——事件驱动，以及如何运用这一特性来搭建Node.js应用。你还将了解到Node.js的模块系统，以及如何创建你的第一个Node.js Web应用。接下来还会学习Connect模块以及它强大的中间件方法。学完本章，你将知道如何利用Connect和Node.js创建简单而强有力的Web应用。本章主要包含如下几个主题：

- ❏ Node.js简介
- ❏ JavaScript的闭包和事件驱动编程
- ❏ Node.js事件驱动Web开发
- ❏ CommonJS模块和Node.js模块系统
- ❏ Connect Web框架简介
- ❏ Connect的中间件模式

## 2.1　Node.js 简介

在2009年JSConf的欧洲分会上，Ryan Dahl上台介绍了他的Node.js项目。自2008年起，Dahl开始关注当时的Web潮流并发现了Web应用运作中的奇怪之处。几年前面世的AJAX将静态网站转化为动态Web应用，但Web开发的基本构件并没有与时俱进。其问题在于当时的Web技术并不支持浏览器和服务器之间的双向通信。其中，Flickr的文件上件系统就是一个典型的例子。由于服务器无法获取所要上传的文件的具体情况，导致浏览器无法将这一上传过程在进度条上显示出来。

Dahl的想法是创建出一个能够支持从服务器到浏览器进行数据推送的Web平台，然而这一想法实施起来并不简单。在常规的Web应用中，Web平台需要支持成百乃至上千服务器到浏览器间的持续性连接。大多数平台都通过使用开销高昂的线程来处理请求。这意味着为了保持连接，一大堆空闲线程将会被打开。对此Dahl另辟蹊径。他发现使用非阻塞的socket将会节省大量的系统资源，甚至还证明了这一技术通过C语言就可以实现。但是鉴于该技术可以使用多种语言来实现，同时Dahl认为用C语言来进行非阻塞编程既冗长又乏味，于是他决定寻找一种更合适的编程语言。

Google在2008年年底发布了Chrome和新的V8 JavaScript引擎。显而易见，JavaScript的运行速度较之从前有了很大的提升。相比其他JavaScript引擎，V8最大的优点在于，在执行JavaScript代码之前，V8会将其编译成本地代码。再加上其他方面的优化性，JavaScript成为深具执行复杂任务可行性的编程语言。Dahl意识到了这一点，并决定做一个新的尝试——在JavaScript中运用非阻塞socket。他将V8引擎用C代码封装起来，创建了Node.js的第一个版本。

在获得开发社区的强烈反响之后，Dahl开始扩展Node核心。V8引擎最初的设计并不是用在服务器环境中的，因此Node.js需要对其进行扩展，以便让它能够更好地适应服务器环境。比如，浏览器通常不需要访问文件系统，但在服务器中这却是必备的功能。最终，Node.js不仅成为了JavaScript执行引擎，它还成为一个可以运行编码简单、性能高效、扩展简易的复杂JavaScript应用平台。

## 2.1.1　JavaScript事件驱动编程

Node.js利用JavaScript的事件驱动特性来支持平台中的非阻塞操作，这使得平台具有了超凡的性能。JavaScript是一种事件驱动的语言，这意味着如果为某一特定事件进行代码注册，当事件触发时，代码便会执行。这一理念支持无缝运行异步代码，同时不会阻塞程序其他部分的运行。

为了更好地理解这一点，我们先来看看下面这段Java代码：

```
System.out.print("What is your name?");
String name = System.console().readLine();
System.out.print("Your name is: " + name);
```

上述例子中，程序会先执行第一行和第二行，然后停下，在用户输入名字之后继续执行第三行。这就是同步编程，I/O操作会阻塞程序其余部分的运行。但是，JavaScript并不是这样运行的。

JavaScript自设计之初是为了支持浏览器操作，因此它是基于浏览器事件的。其实在很久前JavaScript就完成了这一巨大的进步，即允许浏览器将HTML的用户事件委托给相应的JavaScript代码。请看下面这段HTML代码：

```
<span>What is your name?</span>
<input type="text" id="nameInput">
<input type="button" id="showNameButton" value="Show Name">
<script type="text/javascript">
var showNameButton = document.getElementById('showNameButton');

showNameButton.addEventListener('click', function() {
    alert(document.getElementById('nameInput').value);
});
// 其他代码
</script>
```

上述代码示例中，一个文本框和一个按钮将被创建出来。当按钮被按下时，会弹出一个包含文本框内文字的警告，用以监控addEventLister()方法这一主要功能。该方法包含两个参数，一个是事件名字，一个是在事件触发时执行的匿名函数。第二个参数通常被称为回调函数。注意，不管我们在回调函数中写了什么代码，addEventListener()方法之后的代码都会直接执行，而不用等回调函数执行完毕。

　　上述示例阐明了JavaScript是如何通过事件来执行指令集的。因为浏览器是单线程的，所以如果使用同步编程来实现这个例子，页面里的其他部分将会僵死，从而导致网页反应迟钝，损害用户网络体验。值得庆幸的是，JavaScript并不是这样运作的。浏览器使用内循环（inner loop），通常称之为事件轮询（event loop），操控线程来执行整个JavaScript代码。事件轮询是一个由浏览器无限期运行的单线程循环。每当触发一个事件，浏览器就将其加到事件队列。事件轮询接着从事件队列中取出下一个事件，执行事件注册对应的处理函数。事件轮询执行完所有处理函数，便继续处理下一事件，如此往复，不断推进。下图将这一过程进行了图形化：

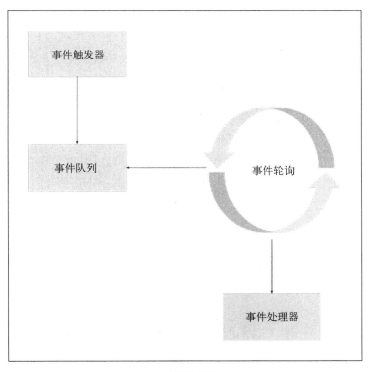

事件轮询周期

　　浏览器执行的通常都是用户触发的事件（如单击按钮），而Node.js则执行着不同来源的各类事件。

## 2.1.2    Node.js事件驱动编程

在开发服务器逻辑时，你可能会注意到，大部分的系统资源会浪费在阻塞代码上。举个例子，请看下面这段PHP的数据库操作代码：

```
$output = mysql_query('SELECT * FROM Users');
echo($output);
```

服务器将会查询数据库并执行select语句，然后将结果返回给PHP程序，并最终将数据作为响应输出。上述代码从数据库获取到输出结果之前，会阻塞所有其他操作的执行。换言之，该进程（通常情况下是线程）在等待其他进程执行结束的过程中会一直闲置，但却要消耗系统的资源。

为了解决这个问题，许多Web平台利用线程池系统来解决连接线程占用问题。这种多线程技术非常直观，但同时又有如下几个严重不足：

- ❏ 管理线程将成为一项复杂的工作
- ❏ 系统资源被闲置线程占用
- ❏ 这种应用不易于扩展

这种方法在不要求服务器和浏览器双向通信的时候是可行的。浏览器发起一个短连接请求，由服务器的响应结束连接。但如果要开发一个长期连接浏览器和服务器的实时应用呢？了解这一想法在实际应用中的情况，你可以参照下图所列举的Apache（阻塞式Web服务器）与Nginx（非阻塞式事件轮询）之间的并发请求处理性能对比。详情请查阅http://blog.webfaction.com/2008/12/alittle-holiday-present-10000-reqssec-with-nginx-2/。

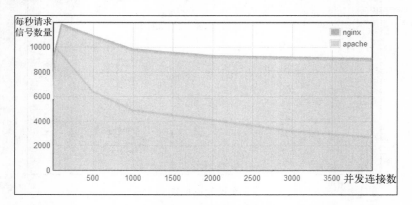

Apache和Nginx的并发处理性能对比

上图可以看出，Apache请求响应性能的降低速度明显快于Nginx。但接下来这张二者内存消耗的对比图中，你将看到Nginx的事件轮询架构对服务器内存消耗的巨大影响。

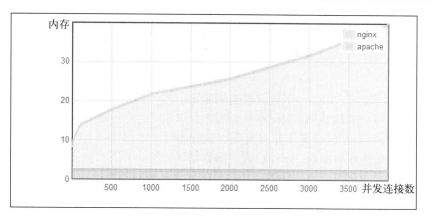

Apache和Nginx处理并发请求时的内存占用对比

　　从上面的对比中，可以得出这样一个结论：使用事件驱动架构可以有效降低服务器负载，而在开发Web应用时利用JavaScript异步的理念则可达到立杆见影的效果。而使这一方法具有可行性的，则是被JavaScript开发人员称为闭包的简单设计模式。

## 2.2　JavaScript 闭包

　　闭包是赋给其父环境中某个变量的函数。使用闭包模式，父函数中的变量作用域将会延伸绑定到闭包函数。如下所示：

```
function parent() {
    var message = "Hello World";

    function child() {
        alert (message);
    }

    child();
}

parent();
```

　　上述例子可以看出，child()函数中依然可以访问parent()内定义的变量。这个例子比较简单，下面让我们看看这段更有趣的代码：

```
function parent() {
    var message = 'Hello World';

    function child() {
        alert (message);
    }
```

```
    return child;
}

var childFN = parent()
childFN();
```

这次就不一样了，parent() 函数直接返回了 child() 函数，在 parent() 执行完成之后，child() 函数依然可以继续调用。对于有些开发人员来讲，这点可能有点不合乎自己既往的编程经验，作为 parent() 的局部变量不是只有在它执行的时候才存在吗？而这一特性就是闭包的精粹所在。闭包绝不是普通的函数，它还包含了函数创建环境。上述示例中，childFN() 就是一个闭包对象，该对象既包含 child() 函数，还包括创建该函数时的环境变量，比如 message 变量。

闭包在异步编程中至关重要，因为 JavaScript 函数是可以作为参数传递给其他函数的一类对象。这表明，你可以创建一个回调函数，并将其作为参数传给事件处理程序。当事件触发的时候，回调函数就会被调用，就算创建回调函数的父函数已经执行完毕，回调函数依然可以操作父环境中的任一变量。因此，当你在进行事件驱动开发时，就不需要将作用域内所有的状态都传给事件处理程序。

## 2.3   Node 模块

一些独一无二的特性使得 JavaScript 成为一个即保持了高性能又不失可维护性的强大程序设计语言。实践应用证明闭包和事件驱动是非常行之有效的。但是像其他所有的编程语言一样，JavaScript 也是不尽完美的，它最主要的设计缺陷在于，共用一个全局命名空间。

让我们从 JavaScript 的起源——浏览器，来分析一下这个问题存在的原因。在浏览器里，在页面中加载一个脚本，引擎将会把代码注入到一个所有脚本共享的地址空间中，这意味着如果你在一个脚本中为某个变量赋值，先前脚本中已定义的同名变量将会被覆盖。这在小规模的程序中没什么问题，但在大型的应用中却容易出现冲突，而且错误也变得难以追踪。这是 Node.js 演变为一个平台的重要障碍。好在 CommonJS 的模块标准为这一问题提供了解决方案。

### 2.3.1   CommonJS 模块

CommonJS 始于 2009 年，旨在将运行在浏览器之外的 JavaScript 进行标准化。自诞生以来，CommonJS 已经解决了大量的 JavaScript 问题，其中包括通过对编写以及包含独立 JavaScript 模块进行规范而解决的全局命名空间问题。

CommonJS 模块指定了如下几个在模块中会用到的关键组件。

❑ require()：用来将模块加入到应用中。
❑ exports：这个对象在每个模块中都有，当模块加载后，它可以提供对某一段代码的访问。

❏ module：这个对象原本是用于提供模块中的元数据信息，它还包含一个指向exports对象指针的属性。不过在常规应用中，exports对象多被用作独立对象，使得module的应用场景也随之变化。

Node对CommonJS模块的实现中，每个模块都会被写进一个单独的JavaScript文件中，而且每个模块都有其独立的作用域来容纳他们所有的变量。模块开发人员可以将模块内的功能用exports对象进行展示。为了更好地理解，请参看下面所举的例子。创建一个hello.js文件，输入如下代码：

```
var message = 'Hello';

exports.sayHello = function(){
  console.log(message);
}
```

再创建一个名为server.js的应用程序文件，输入如下代码：

```
var hello = require('./hello');
hello.sayHello();
```

上述例子中，一个名为hello的模块被创建出来。该模块中包含一个名为message的变量。该变量独立于hello模块，整个模块只有sayHello()方法可以作为exports对象的属性暴露给用户。server.js应用程序文件使用require()方法来加载hello模块，以便能够调用hello模块的sayHello()方法。

另一种创建模块的方法是利用 module.exports 来暴露单个函数。为了更好地理解，我们将修改上述示例中的hello.js文件，如下所示：

```
module.exports = function(){
  var message = 'Hello';

  console.log(message);
}
```

然后server.js中模块加载方法也要进行相应修改：

```
var hello = require('./hello');
hello();
```

经过一番修改，应用程序文件server.js中可以直接使用hello模块，而不需要调用作为模块属性的sayHello()方法。

CommonJS的模块规范使Node.js平台可以进行无限扩展，又不会影响Node的核心模块。没有它，Node.js平台将会成为一堆杂乱无章的冲突。然而，并不是所有的模块都是同一类，在开发Node应用时，通常会碰到好几种模块。

在加载模块时可以省掉.js扩展名，Node会先寻找同名的文件夹，如果找不到，则寻找同名的js文件。

## 2.3.2　Node.js核心模块

　　核心模块指的是那些被编译进Node的二进制文件中的模块。它们被预置在Node中，Node的官方文档中也对其进行了详细的介绍。核心模块提供了大多数Node的基本功能，比如文件系统访问、HTTP和HTTPS接口等。要加载核心模块，直接在代码文件中使用require()方法即可。下面我们来看一个利用核心模块fs读取系统hosts文件的例子，代码如下：

```
fs = require('fs');

fs.readFile('/etc/hosts', 'utf8', function (err, data) {
  if (err) {
    return console.log(err);
  }

  console.log(data);
});
```

　　代码中包含fs模块时，Node将自动在核心模块文件夹中加载，然后就可以使用fs.readFile()读取文件内容，并在命令行输出中打印出来。

　　　了解更多关于核心模块的信息，请参阅http://nodejs.org/api/中的官方文档。

## 2.3.3　Node.js第三方模块

　　在上述章节中我们已经讲述了如何使用NPM安装第三方模块。NPM会将模块安装到应用根目录下的node_modules文件夹中，然后你就可以像使用核心模块一样使用第三方模块了。在进行模块加载时，Node会先在核心模块文件夹中进行搜索，然后再到node_modules文件夹中的模块文件夹中查找。关于如何使用express模块，如下所示：

```
var express = require('express');
var app = express();
```

　　Node会自动到node_modules文件夹中找到express模块并完成加载，然后你就可以把它作为一种方法来生成express应用对象。

## 2.3.4　Node.js文件模块

　　上述例子已经讲述了如何使用Node直接从一个文件中加载模块。不过这些例子只提供了从当前目录获取模块文件的方法。实际上，我们可以将文件放在任何位置，只要在加载模块文件时加上路径即可。回到上述hello.js和server.js的例子，在这两个文件所在的目录中，创建一个名为modules的文件夹，并将hello.js移动到新建的文件夹中，那么server.js就需要通过使用一个相对路径来加载hello.js了，代码如下：

```
var hello = require('./modules/hello');
```

当然，也可以使用绝对路径：

```
var hello = require('/home/project/frist-example/modules/hello');
```

Node会根据提供的路径进行加载。

### 2.3.5 Node.js文件夹模块

虽然并不是所有的Node开发人员都会去编写第三方的模块,但是这里还是要讲述一下如何从文件夹中加载模块。文件夹模块的加载方法与文件模块是一致的，如下所示：

```
var hello = require('./modules/hello');
```

如果 modules 目录下存在一个名为 hello 的文件夹，Node 便会在 hello 文件夹中搜索 package.json，如果找到了，Node将尝试解析它，并查找是否存在一个main属性。比如，像下面这种格式的package.json：

```
{
  "name" : "hello",
  "version" : "1.0.0",
  "main" : "./hello-module.js"
}
```

Node将会去加载./hello/hello-module.js这个文件。如果package.json文件不存在，或者没有定义main属性，Node默认会去加载./hello/index.js文件。

对于编写复杂的JavaScript应用，Node的模块机制的确是一剂良方。它可以有效地帮助开发人员进行代码组织。同时，使用NPM还可以方便地查找和安装由社区创造的大量第三方模块。Ryan Dahl构建一个更为完美的Web框架的想法最终以一个提供各种解决方案的Node.js平台告终。不过现在它还只是一个平台，直到express这个第三方模块的出现，一个完美的Web框架才最终成型。

## 2.4 Node.js Web 应用开发

Node.js作为一个平台，可以用于开发各类应用程序，其中最常用的是Web应用开发。Node的代码依赖模式将这一任务交给进行第三方模块开发的社区，模块叠模块。来自全球各地的公司和个人开发者加入到了这一行列，扩展Node的核心API，给应用开发带来一个更好的起点。

在多个支持Web应用开发的模块中，最有名的当属Connect模块。以Node底层API为核心，Connect整合了一系列包装程序用以Web应用框架的开发。为了理解Connect，让我们先来看一个最基本的Node Web服务器的例子。创建一个名为server.js的文件，输入如下内容：

```
var http = require('http');

http.createServer(function(req, res){
  res.writeHead(200, {
    'Content-Type': 'text/plain'
  });
  res.end('Hello World');
}).listen(3000);

console.log('Server running at http://localhost:3000/');
```

启动上面刚刚完成的Web服务器也很简单，使用命令行工具，进入到server.js文件所在的目录，然后执行如下命令：

```
$ node server
```

然后用浏览器打开http://localhost:3000/，即可以看到Web服务器的响应：Hello World。

这其中的工作原理是什么？上述例子中，http模块创建了一个轻量级的Web服务器，用以监听3000端口。第一步，向http模块发出请求；第二步，调用createServer()方法创建一个监听3000端口的server对象。注意，这里传了一个回调函数给createServer()方法。

当Web服务器收到HTTP请求时，回调函数便会执行。server对象会将req和res两个参数传给回调函数，这两个参数包含有响应HTTP请求所需的信息和功能函数。回调函数将执行如下两步。

(1) 首先是调用response对象的writeHead()方法。该方法用来设置HTTP响应标头。在本例中设置了Content-Type的标头值为text/plain。如果响应的内容是HTML，则要用html/plain替代这里的text/plain。

(2) 接着，调用response对象的end()方法。该方法用于完成响应。这里是将单个字符串作为参数传入end()，作为HTTP响应的主体。另一种更为常用的做法是先用write()增加主体内容，再用end()完成响应，如下所示：

```
res.write('Hello World');
res.end();
```

上述例子演示了如何用Node底层API来实现一些必要的基本功能。然后这也仅仅是个例子罢了，若要通过调用底层API完成一个功能齐全的Web应用，将需要编写大量的补充性代码才能实现那些基本需求。好在一个叫Sencha的公司开发了Connect模块,帮助完成了很多基础性的工作。

## 初识Connect模块

Connect是一个拦截所有请求,并以一种更模块化的方法进行拦截处理的模块。在上述Web服务器例子中,我们已经演示了如何利用http模块来构造一个Web服务器。如果想扩展这个例子,那么就需要编写代码来管理服务器所收到的各类HTTP请求,进而对这些请求进行适当的处理,并且逐个响应。

为实现这一目的,Connect提供了API。Connect使用名为中间件的模块化组件,来简化在预定义的HTTP请求情景上进行的应用逻辑注册。Connect中间件基本上以回调函数为主,当HTTP请求出现时便开始执行。中间件会首先进行一些逻辑处理,然后对请求进行响应,或者调用下一个注册了的中间件。Connect中也包含一些比较常用的中间件,比如日志工具、静态文件服务工具等,因此你只需要按照你的应用需求进行中间件自定义即可。

Connect使用dispatcher(调度器)对象负责处理服务器收到的每个HTTP请求,并以级联的方式组织好中间件,依次执行。为了更好地理解Connect,请参看下图。

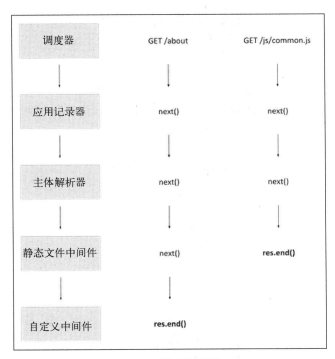

Connect处理流程图

上图中Connect处理了两个不同的请求，第一个由一个自定义的中间件进行处理，第二个由静态文件中间件进行处理。Connect的调度器启动了处理流程，并使用next()方法来调用下一个处理程序。直到某一个中间件使用res.end()方法完成了响应，整个请求才算处理完毕。

下一章中将介绍如何使用Express，其实Express就是基于Connect的。因此，为了便于了解Express，我们从理解Connect开始，首先创建一个Connect应用。

创建一个名为server.js的文件，并输入如下代码：

```
var connect = require('connect');
var app = connect();
app.listen(3000);

console.log('Server running at http://localhost:3000/');
```

如你所见，上述代码通过使用connect模块创建了一个Web服务器。但是，Connect并不是核心模块，所以要用NPM进行安装。正如上文所述，安装第三方模块有多种方法。其中最简便的方法是直接调用npm install命令。要想使用该命令进行安装，首先请打开命令行工具，进入到刚刚创建的server.js所在的目录，执行如下命令：

```
$ npm install connect
```

NPM便会将Connect安装到node_modules目录中，这样便可在程序中向它发送请求。运行适才创建好的Web服务器，执行如下命令即可：

```
$ node server
```

Node将启动上文中创建好的服务器，并且用console.log()语句打出服务器的状态。你可以在浏览器中尝试访问http://localhost:3000/。不出意外的话，你将会看到如下界面：

Connect应用空响应

　　该响应表明应用里目前还没有任何中间件来响应HTTP GET请求。这意味着你需要注意以下两点：

- 你已经成功安装并使用了Connect模块
- 你应该开始着手编写Connect中间件了

### 1. Connect中间件

Connect中间件其实就是拥有某一特定功能的JavaScript函数。每个中间件都有如下三个参数。

- `req`：包含所有HTTP请求信息的对象。
- `res`：包含所有HTTP响应的信息，并可以通过它来设置响应的各种属性。
- `nest`：指向Connect中间件级联中下一个中间件函数。

　　定义好一个中间件后，只需要使用`app.use()`注册即可。下面我们将对前面所讲述的例子进行扩充。编写一个中间件，修改server.js如下：

```
var connect = require('connect');
var app = connect();

var helloWorld = function(req, res, next) {
  res.setHeader('Content-Type', 'text/plain');
  res.end('Hello World');
};
app.use(helloWorld);

app.listen(3000);
console.log('Server running at http://localhost:3000/');
```

然后用下面的命令再次启动服务器：

```
$ node server
```

再次访问一下http://localhost:3000，你将会看到如下界面：

Connect应用的响应

大功告成，第一个Connect中间件创建完毕！

下面简明重述一下Connect中间件的创建过程。首先，添加一个名为helloWorld()的中间件函数，并传入req、res和next三个参数。该自定义的中间件使用res.setHeader()方法设置了Content-Type标头，然后用res.end()设置了响应内容，最后使用app.use()在Connect应用中注册了这一中间件。

### 2. 理解Connect中间件的执行顺序

Connect最大的特点之一便是可以注册任意数量的中间件。通过使用app.use()方法，可以将中间件函数连成一串，进而在程序开发时最大限度地保证其灵活性。在执行的过程中，Connect将下一个要执行的中间件函数以next参数的方式传给即将执行的中间件函数。在每一个中间件函数中，都可以决定到底是立即结束执行，还是继续执行下一个中间件函数。要注意的是，中间件函数的执行遵循先进先出（FIFO，first-in-first-out）的顺序，直到所有的中间件函数都执行完毕，或者某个中间件函数没有调用`next方法。

为了更好地理解，下面将前面的例子添加一个名为logger的函数，用以将服务器所收到的所有的请求打印到命令行中。将server.js进行如下修改：

```
var connect = require('connect');
var app = connect();

var logger = function(req, res, next) {
  console.log(req.method, req.url);

  next();
};

var helloWorld = function(req, res, next) {
  res.setHeader('Content-Type', 'text/plain');
  res.end('Hello World');
};

app.use(logger);
app.use(helloWorld);
app.listen(3000);

console.log('Server running at http://localhost:3000/');
```

上述代码段中，增加了一个名为logger的中间件，使用console.log方法简单地将请求信息打印在了终端上。注意logger中间件注册在helloWorld()中间件之前，这决定了各个中间件的执行顺序。另外，在logger中还调用了next()，用以调用helloWorld()中间件。如果将next()这行删除，那么程序执行到logger中间件便会停下来。然而此时还没有调用res.end()方法，请求便会永远得不到响应，一直处于挂起状态。

为了测试所做修改，使用如下命令再次启动服务器即可：

```
$ node server
```

接下来访问http://localhost:3000/。命令行工具中会输出浏览器的请求信息。

### 3. Connect中间件的加载

你可能已经注意到了，不管请求Web服务器的哪个路径，你所注册的中间件都会执行。这并不符合如今的Web应用开发习惯——针对不同路径作出不同响应。Connect通过加载来满足这一需求，可以让你根据不同的请求路径来确定中间件执行与否。在app.use()方法中传入路径即可开启加载功能。为了更好地理解，我们回到前面的例子。请参照如下示例修改server.js：

```
var connect = require('connect');
var app = connect();

var logger = function(req, res, next) {
  console.log(req.method, req.url);

  next();
};

var helloWorld = function(req, res, next) {
  res.setHeader('Content-Type', 'text/plain');
  res.end('Hello World');
};

var goodbyeWorld = function(req, res, next) {
  res.setHeader('Content-Type', 'text/plain');
  res.end('Goodbye World');
};

app.use(logger);
app.use('/hello', helloWorld);
app.use('/goodbye', goodbyeWorld);
app.listen(3000);

console.log('Server running at http://localhost:3000/');
```

上述代码中有几处修改，一是加载的中间件helloWorld()将仅响应路径为/hello的请求。二是增加了一个稍显怪异的goodbyeWorld()中间件，它将仅响应路径为/goodbye的请求。logger中间件并没有修改，它依然是响应所有的请求。另外要注意的是，这几个中间件都不会响应对基本路径的请求，因为我们把中间件helloWorld()加载到了一个指定的路径。

Connect是一个很强大的模块，它支持了常规Web应用的大量特性。Connect的中间件非常简单而又颇具JavaScript风格。它既可以帮你无限扩展应用逻辑，又不会打破Node平台的敏捷哲学。它既可以有效改善Web应用的基础架构，又刻意缺失了其他Web框架的一些基本功能，其原因在于它遵循了Node社区的一个基本理念：创建精简的模块，让其他人在你创建的模块的基础上创建新的模块。整个社区的人都想在Connect的基础之上创建自己的Web基础架构，最终，一个名叫TJ Holowaychuk的天才程序员的作品赢得了大多数人的认可，这便是如今已经无人不知的基于Connect的Web框架——Express。

## 2.5　总结

本章介绍了Node.js如何利用JavaScript的事件驱动特性，以及如何使用CommonJS的模块系统来扩展其核心功能。还介绍了Node.js Web应用的基本原理和Connect模块。此外还学习了如何创建Connect应用，以及如何使用中间件函数。下一章将讨论基于Connect的Web框架——Express。

# 第3章

# 使用Express开发Web应用

本章将讲述如何以最佳方式使用Express创建Web应用。首先安装和配置Express，接下来介绍Express的主API。然后讨论Express的请求、响应和应用对象，以及Express路由机制的运用。另外我们还将探讨在开发过程中如何根据项目类型组织应用程序文件夹的结构。学完本章，你将会了解到如何创建一个完整的Express应用。本章的主要内容如下：

❑ 安装Express，并创建一个新的Express应用
❑ 组织项目的结构
❑ 配置Express应用
❑ 使用Express的路由机制
❑ 渲染EJS视图
❑ 静态文件服务
❑ 配置Express会话

## 3.1 Express 简介

如果仅仅将TJ Holowaychuk称为一个高效的程序员，那实在是过于轻描淡写了。他对Node社区的贡献几乎无人堪比。TJ一共发起了500多个开源项目，他还负责着好几个JavaScript生态系统中最流行的框架。

Express便是他最伟大的作品之一。Express是目前常规Web框架功能的最小集，它延续了Node风格，保持了功能的最小化。Express基于Connect，并很好地利用了Connect中间件架构。它在Connect的基础上扩展了多个功能，以满足Web应用常见的需求，比如模块化的HTML模板引擎，扩展response对象以支持各种各样数据格式的输出，路由系统，等等。

前面介绍了如何使用一个单文件server.js来创建应用。使用Express，你将了解到怎样来更好地组织项目目录结构、配置应用、模块化应用逻辑，以及怎样使用EJS模块引擎、管理会话和使用路由。学完本节，你将完成一个在本书后面部分都用得着的应用骨架。让我们着手开始吧。

## 3.2 Express 安装

前面我们一直使用npm来直接为Node应用安装扩展模块，在此同样也可以用它来安装Express，命令如下：

```
$ npm install express
```

但是，这样直接安装模块并不利于应用的可扩展性。试想一下，应用中往往要安装很多的模块，然后要在不同的工作环境中对其进行迁移，有时候甚至需要与其他的开发人员进行共享。如果还这样直接安装扩展，那影响的就不单单是效率了。因此，在项目中最好是使用package.json来组织应用的元数据，并管理依赖。

为新的应用创建一个文件夹，并在其中创建一个package.json文件，存入如下内容：

```
{
  "name" : "MEAN",
  "version" : "0.0.3",
  "dependencies" : {
    "express" : "~4.8.8"
  }
}
```

在新建的package.json中，共有三个属性，`name`、`version`和`dependencies`，分别表示新应用的名字、版本号和依赖，依赖中的模块是应用运行前所必须安装的。为安装这些模块，打开命令行工具，进入到新的应用所在的目录，运行如下命令：

```
$ npm install
```

接着NPM便会开始安装package.json中列明的唯一一个依赖——Express。

## 3.3 创建第一个 Express 应用

创建好package.json并安装完依赖后，就可以着手创建Express应用了。首先，新建一个已经熟知的server.js文件，并为其输入如下代码：

```
var express = require('express');
var app = express();

app.use('/', function(req, res) {
  res.send('Hello World');
});

app.listen(3000);
console.log('Server running at http://localhost:3000/');

module.exports = app;
```

上述的大部分代码我们应该已经非常熟悉了，第一行包含了Express模块，第二行创建了一个Express应用对象，然后用app.use()在指定路径加载了一个中间件函数，用app.listen()方法设置了应用需要监听的3000端口。注意，module.exports对象是用于返回应用程序对象的，可以用于加载和测试Express应用。

我们熟悉上述代码，它们与前面章节所举Connect的例子相类似。其原因在于，Express原本就是将Connect模块进行的多方面扩展。app.use()用于加载对所有发送到根路径的HTTP请求进行响应的中间件函数。app.send()方法用于发回所有响应，该方法其实是Express对Connect模块功能的封装。它包括两方面操作，一是根据response对象类型设置Content-Type报头，二是用res.end()发回所有响应。

> res.send()会根据发送内容对Content-Type报头进行设置。如果被发送的是缓冲区，Content-Type报头将会被设置为application/octet-stream；如果被发送的是字符串，它将会被设置为text/html；如果被发送的是对象或者数组，它将会被设置为application/json。

运行新创建的应用，运行如下命令即可：

```
$ node server
```

第一个应用就创建完成了。你可以通过浏览器访问http://localhost:3000/对其进行测试。

## 3.4 应用、请求和响应对象

Express提供了这三个使用频率较高的对象。其中，应用对象指的是上面的例子中创建的Express应用实例，通常它会被用于实现对应用的配置。请求对象指的是Node HTTP请求对象的封装，用于获取当前正在处理的请求信息。响应对象指的是Node HTTP响应对象的封装，用于设置响应包头和数据。

### 3.4.1 应用对象

应用对象包含以下几个用以对应用进行配置的方法。

- ❏ app.set(name, value)：用于设置Express配置中的环境变量。
- ❏ app.get(name)：用于获取Express配置中的环境变量。
- ❏ app.engine(ext, callback)：用于指定模板引擎中的渲染文件类型。比如，如果要将HTML文件指定为EJS模板引擎的渲染文件模板，使用app.engine('html',

require('ejs').renderFIle);即可。

❑ app.locals：用于向渲染模板发送应用级变量。

❑ app.use([path], callback)：用于创建处理HTTP请求的中间件。通常情况下，它可以用于加载响应某个或某几个路径的中间件。

❑ app.VERB(path, [callback...], callback)：用于定义一个或多个中间件函数，以响应特定HTTP方法发往某一指定路径的请求。比如，如果只响应GET方法的请求，使用app.get()即可。如果只响应POST请求，使用app.post()即可，诸如此类。

❑ app.route(path).VERB([callback...], callback)：用于定义一个或多个中间件来响应发往某一路径的多种HTTP请求方法。举个例子，若要响应GET和POST两类请求，这样定义中间件函数即可：app.route(path).get(callback).post(callback)。

❑ app.param([name], callback)：用于对发往某一路径且包含指定路由参数的请求附加某一特定功能。比如，可以向所有包含userId参数的请求影射特定逻辑：app.param('userId', callback)。

还有很多其他可以用得上的方法，不过上面这几个基本的方法已经可以帮助开发人员对Express进行合理的扩展了。

## 3.4.2   请求对象

请求对象也包含一些用于获取当前HTTP请求信息的方法。请求对象主要的属性和方法如下。

❑ req.query：即已解析为对象的所有GET参数。

❑ req.params：即已解析为对象的路由参数。

❑ req.body：该属性包含在bodyParser()中间件中，用于获取所有请求的body部分。

❑ req.param(name)：用于获取请求参数，包括GET参数、路由参数，或请求body部分的JSON属性。

❑ req.path、req.host及req.ip：即当前请求的路径、主机名和访问者的IP。

❑ req.cookies：该方法需要与cookieParser()中间件结合使用，用于获取用户浏览器传来的cookies。

## 3.4.3   响应对象

响应对象是Express应用开发中的常用对象，因为所有请求的处理和响应都需要通过响应对象方法。有如下几个重要方法。

❑ res.status(code)：用于设置响应的HTTP状态码。

❑ res.set(field, [value])：用于设置响应的HTTP报头。

❑ res.cookie(name, value, [options])：用于设置响应的浏览器cookies。options参数是一个对象，用于定义cookies配置，比如maxAge属性。

❑ res.redirect([status], url)：用于将请求重新定位到参数url所定义的URL。注意，HTTP状态码参数是可添加的，其默认值为302。

❑ res.send([body|status], [body])：主要用于非流式响应。该方法包括多个操作，比如设置Content-Type和Content-Length报头，根据情况设置cache选项等。

❑ res.json([status|body], [body])：若用于发送对象或者数组，该方法与res.send()完全一致。不过大多数情况下，该方法将会被用作为语法糖。然后某些情况下，它也可以被用来强制发送JSON的空对象，比如null和undefined。

❑ res.render(view, [locals], callback)：用于视图渲染，并发送包含HTML的响应。

响应对象还包括一些用于处理不同响应情景下的方法和属性，稍后本书将会对此进行进一步的探讨。

## 3.5 外部的中间件

Express本身功能是有限的，但其他团队在其基础上提供了很多预定义的中间件，覆盖了常见Web框架的功能。这些中间件无论是种类还是功能都非常丰富，使得扩展后的Express能提供更好的框架支持。比较受欢迎的Express中间件如下。

❑ Morgan：记录HTTP请求日志。

❑ body-parser：对请求body进行解析，支持多种HTTP请求类型。

❑ method-override：用于处理客户端不支持的HTTP方法，如PUT和DELETE等。

❑ Compression：对响应数据使用gzip/deflate进行压缩。

❑ express.static：用于提供静态文件服务。

❑ cookie-parser：解析cookies，并将结果组装req.cookies对象。

❑ Session：支持持久会话。

还有很多Express中间件可以帮你节省开发时间，以及数不清的第三方中间件。

了解更多关于Connect和Express中间件信息，你可以访问https://github.com/senchalabs/connect#middleware 。你还可以通过访问https://github.com/senchalabs/connect/wiki来查看更多的第三方中间件。

## 3.6　实现 MVC 模式

　　Express没有特定架构模式，所以它并不像其他Web框架一样支持预定义的语法或结构。这意味着在Express应用中运用MVC模式，你就可以通过创建具体的文件夹对JavaScript文件按照某种逻辑顺序进行管理。所有的JavaScript文件都按照CommonJS的模块规范进行逻辑划分。比如，用于定义Mongoose models且按CommonJS模型标准组织的模型都存放在名为models文件夹中，HTML和其他的模板文件的视图存放在名为views的文件夹中，具有特定功能的方法且按CommonJS模型标准组织的控制器则存放在名为controllers文件夹中。为了更好地理解这些，请首先来看看组织应用文件夹结构的几种不同的方式。

### 应用文件夹结构

　　前面的内容曾讨论了如何在实践中更好地进行开发工作，比如推荐使用package.json直接进行模块安装。不过这仅仅是着手开发应用的第一步，接着你便会疑惑于如何组织项目文件，以及怎样对代码进行逻辑单位的划分。JavaScript和Express框架本身并没有对代码的组织结构进行规范，如果你愿意，你甚至可以把所有的代码都放在一个文件中。其原因在于，以前从来没人想过JavaScript竟然会有成为全栈开发语言的一天，不过这并不意味着你真的可以随意组织代码结构。随着MEAN的出现，JavaScript可以用来实现各种规模和复杂度的应用，同样也就出现了多种组织代码结构的方法。针对不同代码结构的讨论，通常是与程序的复杂程序相关的。比如，简单的应用往往需要的是简洁的文件夹结构，以便可以更简单、更整洁。而复杂度高的应用则需要更复杂的文件夹结构，这样便可以更好地进行逻辑划分，以便包含更多的功能，也便于大型团队的分工合作。简单来讲，对代码结构的组织，主要有两种相对合理的方法：小型项目的水平组织法和复杂应用的垂直组织法。首先来看简单的水平组织法。

#### 1. 水平文件夹结构

　　水平项目结构的文件夹或者文件划分标准是按文件夹或者文件的功能性角色，而不是他们所具体实现的功能。这意味着，整个应用的文件都放在一个按MVC文件夹结构组合的目录之内，即所有的控制器放在一个controllers目录中，而所有的模型都放在一个models目录中，诸如此类。下图便是一个这样组织的项目结构。

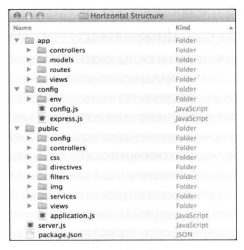

水平文件夹结构

下面来分析一下上图中的文件夹结构。

❑ app文件夹用于保存Express应用的逻辑部分相关代码，按照MVC模式分为如下几个文件夹：

- controllers文件夹，存放Express应用的控制器文件
- models文件夹，存放Express应用的模型文件
- routes文件夹，存放Express应用的路由中间件文件
- views文件夹，存放Express应用的视图文件

❑ config文件夹用于存放Express应用的配置文件。对于应用中的新增模块，每个模块都有一个对应的配置文件，这些配置文件都存放在该文件夹内。目前该文件夹包含以下这些文件夹和文件：

- env文件夹，存储Express应用环境配置文件
- config.js文件，用于Express应用配置
- express.js文件，用于Express应用初始化

❑ public文件夹用于保存浏览器端的静态文件，按MVC模式分为如下目录：

- config文件夹，用于存储AngularJS应用的配置文件
- controllers文件夹，用于存储AngularJS应用的控制器文件
- css文件夹，用于存放CSS文件
- directives文件夹，用于存放AngularJS应用的指令文件
- filters文件夹，存放AngularJS应用的过滤器文件
- img文件夹，存放图片

　　■ views文件夹，存放AngularJS应用的视图文件

　　■ application.js文件，用于AngularJS应用的初始化

　❑ package.json文件存有用于管理应用依赖的元数据。

　❑ server.js是Node程序的主文件，以模块的方式加载express.js，引导Express应用的启动。

　　如你所见，水平文件夹结构非常适合功能较少的小型项目，文件组织方便，而且通过文件夹名便可以知道文件所扮演的角色。不过，对于组织大型项目的文件，水平文件夹结构就有些过于简单了。这种情况下，每个文件夹中都会包含大量文件，难以分辨。因此这种情况最好是使用垂直组织法。

**2. 垂直文件夹结构**

　　垂直文件夹结构是根据所实现的功能进行文件和文件夹划分的项目结构。每个功能都有各自的按MVC模式组织的目录结构，下面是一个按这样组织的应用目录。

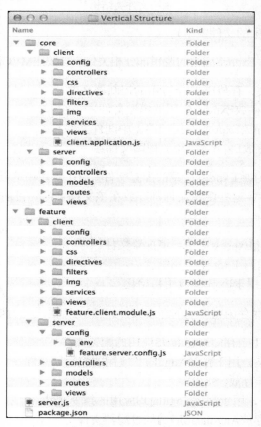

垂直文件夹结构

上图结构中每个功能都有其独立的应用目录，core文件夹存放了主要的程序文件，feature文件夹存放了具体的功能性文件，举个例子，在一个用户管理的功能中，身份鉴定和权限控制逻辑就应该放在feature中。为了更好地理解，我们来一一分析一下feature目录的结构。

❑ server文件夹用于存放服务器逻辑，其内部按照MVC模式进行了如下划分。

- controllers文件夹，用于存放Express应用的控制器文件
- models文件夹，用于存放Express应用的模型文件
- routes文件夹，用于存放Express应用的中间件文件
- views文件夹，用于存放Express应用的视图文件
- config文件夹，用于存放服务器端的配置文件，包括：
  - env文件夹用于存放服务器端环境的配置文件
  - feature.server.config.js文件用于整个功能的配置

❑ client文件夹用于存放客户端文件，其内部按MVC模式的理念，根据不同功能进行了如下划分。

- config文件夹，存放AngularJS应用的配置文件
- controllers文件夹，存放AngularJS应用的控制器文件
- css文件夹，存放CSS文件
- directives文件夹，存放AngularJS应用的指令文件
- filters文件夹，存放AngularJS应用的过滤器文件
- img文件夹，存放图片
- views文件夹，存放AngularJS应用的视图文件
- feature.client.module.js文件，用于初始化AngularJS应用组件

不难发现，垂直文件夹结构非常适合于功能数量不确定，每个功能又包含多个文件的大型项目。此外，大型团队也可以通过运用垂直文件夹结构来进行合作并对各自的独立代码进行维护。同时，多个应用也可以用这种组织方式实现功能共享。

这两种组织方式差不多可以涵盖所有应用的结构。事实上MEAN项目可以按多种方式组织，即使将两种方法揉和在一起也未尝不可。因而实际上实用的是哪一种组织方式，取决于团队负责人的选择。出于简易性考虑，本书中将采用水平方法。但AngularJS部分将按习惯采用垂直的方式——也从侧面证明了MEAN结构的弹性。记住一点，本书中所展现的内容，都可以很容易地重构到实际项目规格中。

### 3. 文件命名约定

在实际的开发工作中，会经常遇到文件重名的问题。其原因在于MEAN应用通常包括Express和AngularJS两套平行的MVC结构。下面请看垂直结构组织中的文件命名。

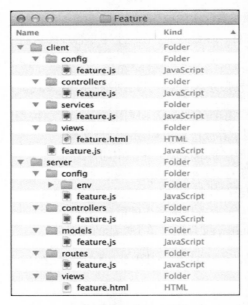

垂直组织中的文件命名

显而易见，这样组织文件夹结构使得每个文件的功能都容易理解，但不少文件因此都重名了。原因是同一个功能往往需要多个JavaScript文件来实现，而每个文件都扮演着不同的角色。这一问题很容易给同一开发团队的其他人造成混淆。为了解决这个问题，需要一个命名约定。

最简单的办法是在文件名中增加文件的功能角色，比如某个功能的控制器可以命名为feature.controller.js，功能的模型文件可以命名为feature.model.js，如此等等。但在MEAN应用中有Express和AngularJS两大部分，如果都这样命名，那只会让问题更复杂，同一个文件名为feature.controller.js的文件，即可能是AngularJS的控制器，也有可能是Express的控制器。为此，只能在文件名中再增加一个文件具体的执行目的，Express的控制器命名为feature.server.controller.js，AngularJS的控制器命名为feature.client.controller.js。虽然看起来有点儿太大做文章了，不过这样的确可以在只扫一眼文件名的情况下就知道程序文件的角色和执行目的了。

　　记住，这只是最佳实践的约定，你也可以将controller、client、model、server这些关键字替换成你自己能理解的词。

#### 4. 实践水平文件夹结构

开始构建MEAN项目之前，首先创建一个如下图所示的项目文件夹结构。

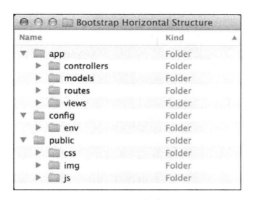

MEAN项目水平文件夹结构

文件夹创建完后，回到应用的根目录创建一个含有如下代码的package.json文件：

```
{
  "name": "MEAN"
  "version": "0.0.3",
  "dependencies": {
    "express": "~4.8.8"
  }
}
```

进入app/controllers/文件夹，创建index.server.controller.js文件，代码如下：

```
exports.render = function(req, res){
  res.send('Hello World');
};
```

很好，一个Express控制器便创建好了。这个代码是不是很眼熟？因为这就是前面章节中曾经创建过的中间件。这里只是用CommonJS的模块规范创建了一个名为render()的函数，过会儿你便可以包含这个模块并使用这个函数。创建完控制器，接下来就是创建Express路由功能来调用它了。

(1) 处理路由请求

Express支持两种路由组织方式，即app.route(path).VERB(callback)和app.VERB(path, callback)（VERB要替换为小写的HTTP方法名），如下：

```
app.get('/', function(req, res) {
  res.send('This is a GET request');
});
```

上述代码为Express指定了一个中间件函数，用于处理所有以GET方法发往根路径的HTTP请求。若要处理POST请求，使用如下代码即可：

```
app.post('/', function(req, res) {
```

```
  res.send('This is a POST request');
});
```

当然，Express也支持先定义单个路径，再以链式方式定义多个中间件，从而处理多种不同方法的HTTP请求，如下所示：

```
app.route('/').get(function(req, res) {
  res.send('This is a GET request');
}).post(function(req, res) {
  res.send('This is a POST request');
});
```

Express另一个很酷的写法是在单个路由定义语句中直接串上多个中间件，这些中间件函数会按序依次执行，从其中一个传给下一个，便于其执行方式的选择。这种写法一般用于响应逻辑之前的各类验证。下面的代码就是一个例子：

```
var express = require('express');

var hasName = function(req, res, next) {
  if (req.param('name')) {
    next();
  } else {
    res.send('What is your name?');
  }
};

var sayHello = function(req, res, next) {
  res.send('Hello ' + req.param('name'));
};

var app = express();
app.get('/', hasName, sayHello);

app.listen(3000);
console.log('Server running at http://localhost:3000/');
```

上述代码中，有名为hasName()和sayHello()两个中间件函数，hasName()的作用是看请求中是否含有name参数。如果没有则直接对请求进行响应，如果有就调用next()进入下一个操作。本例中，app.get()方法用链式方法定义了两个中间件函数。两个中间件的前后顺序就是执行顺序，所以next()就是sayHello()中间件函数。

这个例子很好地演示了如何利用路由中间件来根据不同的验证进行不同的响应。当然也可以用这个功能来实现其他的任务，比如验证用户权限和进行资源授权。不过现在我们还是继续完善演示代码吧。

(2) 增加路由文件

下一步就是创建路由文件。进入到app/routes文件夹，创建index.server.routes.js，代码如下：

```
module.exports = function(app) {
    var index = require('../controllers/index.server.controller');
    app.get('/', index.render);
};
```

上述代码第一行再次使用了CommonJS模块规范。前面编写控制器的时候，是使用exports导出了多个函数，这里是使用module.exports导出了单个函数。第二行包含了前面创建的控制器，第三行以控制器中的render()方法作为中间件，以处理所有发到根路径的GET请求。

这里的路由函数需要一个名为app的参数，因此在调用的时候，需要将Express应用实例作为参数传入。

接着便是创建Express应用对象，使用控制器和刚刚创建的路由模块进行引导。为此，进入到config文件夹，创建express.js文件，代码如下：

```
var express = require('express');

module.exports = function() {
  var app = express();
  require('../app/routes/index.server.routes.js')(app);
  return app;
};
```

这段代码中，先是包含了Express模块，然后用CommonJS的模块模式定义了一个初始化Express应用的模块函数。初始化分为两步，一是创建了Express应用的实例，二是调用了前面创建的路由文件，以函数调用的方式传入了应用实例。路由文件中的函数会为应用实例调用控制器的render()方法来创建新的路由配置，最后返回处理好的应用实例。

express.js专门用于配置Express应用，所有与Express应用相关的配置也需要添加到这个文件中。

只需要最后一步，Express应用就创建完成了。在应用根目录中创建server.js，代码如下：

```
var express = require('./config/express');

var app = express();
app.listen(3000);
module.exports = app;

console.log('Server running at http://localhost:3000/');
```

这便是程序主文件，通过包含Express配置模块，获取Express应用对象的实例，并监听3000

端口，整个应用便完成了。

用命令行工具进入到应用程序根目录，使用npm安装应用程序的依赖，命令如下：

```
$ npm install
```

安装完成后，便可以启动应用了：

```
$ node server
```

应用已经运行起来了。你可以使用浏览器进入http://localhost:3000/对它进行测试。

在这个例子中，我们学到了如何使用合理的方式创建Express应用。CommonJS模块规范中创建模块的几种方法是最需要掌握的，这贯穿整个应用，后面还将继续使用。

## 3.7　Express 应用配置

Express的配置管理系统非常简单，用它还可以给Express应用添加各种功能。尽管也有一些预定义的配置选项可供操作，你也可以使用其他方式来添加一个键值存储的配置选项。Express另一个强大的功能是可以根据运行环境来配置应用，比如只想在开发环境中启动日志系统，同时在生产环境中对响应的主体进行压缩等。

为此，就需要使用process.env属性。作为一个全局变量，process.env可以被用来访问预定义的环境变量。其中最常用的便是用它来访问NODE_ENV这个环境变量。NODE_ENV通常用于设置与环境有关的配置。回到上述关于日志和压缩的例子，这两个功能都涉及新的中间件，可以通过添加依赖来下载和安装。

编辑package.json文件，代码如下：

```
{
  "name": "MEAN",
  "version": "0.0.3",
  "dependencies": {
    "express": "~4.8.8",
    "morgan": "~1.3.0",
    "compression": "~1.0.11",
    "body-parser": "~1.8.0",
    "method-override": "~2.2.0"
  }
}
```

正如前文所述，morgan模块提供简单的日志中间件，compression提供响应内容的压缩功能，body-parser模块包含几个处理请求数据的中间件，method-override模块提供了对HTTP DELETE和PUT两个遗留方法的支持。通过修改config/express.js文件来使用这些模块，代码如下：

```
var express = require('express'),
  morgan = require('morgan'),
  compress = require('compression'),
  bodyParser = require('body-parser'),
  methodOverride = require('method-override');

module.exports = function() {
  var app = express();

  if (process.env.NODE_ENV === 'development') {
    app.use(morgan('dev'));
  } else if (process.env.NODE_ENV === 'production') {
    app.use(compress());
  }

  app.use(bodyParser.urlencoded({
    extended: true
  }));
  app.use(bodyParser.json());
  app.use(methodOverride());

  require('../app/routes/index.server.routes.js')(app);

  return app;
};
```

如你所见，上述代码使用了名为process.env.NODE_ENV的变量对系统环境进行判定，并根据它对Express应用进行配置。当系统环境是开发环境时，将使用app.use()方法加载morgan()中间件，当系统环境是生产环境时，则使用该方法加载compress()中间件。bodyParser. urlencoded()、bodyParser.json()和methodOverride()这三个中间件不区分系统环境，一定会被加载。

只需要最后一步，该应用配置就完成了。我们需要对server.js做出相应修改，代码如下：

```
process.env.NODE_ENV = process.env.NODE_ENV || 'development';

var express = require('./config/express');

var app = express();
app.listen(3000);
module.exports = app;

console.log('Server running at http://localhost:3000/');
```

process.env.NODE_ENV的默认值设为development，因为系统环境变量NODE_ENV有可能是没有设置的。

建议你在运行应用之前，最好对操作系统中的NODE_ENV环境变量进行设置。Windows环境中，在命令提示符中运行如下命令即可：

```
> set NODE_ENV=development
```

在类Unix操作系统中，运行如下命令即可：

```
$ export NODE_ENV=development
```

来测试一下上面的修改吧。进入到应用根目录，执行如下的命令来安装新的依赖：

```
$ npm install
```

安装完成后，使用Node命令行工具运行应用：

```
$ node server
```

安装完成之后，你可以在浏览器中访问一下http://localhost:3000，此时命令行中便会显示出日志工具的输出。此外，在更为复杂的配置选项设置中，环境变量process.env.NODE_ENV会更精确。

## 环境配置文件

在应用开发过程中，由于环境各异，因此需要对第三方模块进行配置才能运行。举例来讲，当连接MongoDB服务器时，在开发环境和生产环境中所使用的连接字符串往往是不同的。为了对第三方模块进行正确地配置，往往就需要用很多if语句来判断，这样维护起来会很麻烦。为解决这个问题，可以考虑使用环境配置文件对不同的配置进行管理，然后使用process.env.NODE_ENV来确定所要加载的配置文件，这样便可以让代码简单而又便于维护。下面来尝试一下，为默认的开发环境创建一个配置文件。在config/env文件夹中创建一个名为development.js的文件，代码如下：

```
module.exports = {
  // Development configuration options
};
```

上述文件是一个仅做了初始化的CommonJS模块。不必担心，后面将对它进行配置添加。不过首先，还是先来看看怎样管理配置文件的加载。进入config目录，创建一个config.js的文件并在新建文件内输入如下代码：

```
module.exports = require('./env/' + process.env.NODE_ENV+ '.js');
```

上述文件会依据当前process.env.NODE_ENV环境变量对配置文件进行导入。在后面的章节中将会使用该文件来帮我们导入正确的环境配置文件。要想对其他的环境进行配置，只需要为其创建对应的环境配置文件，然后通过正确配置NODE_ENV变量对该配置文件进行导入即可。

## 3.8 渲染视图

渲染视图是Web框架的一个基本功能。渲染其实很简单，就是将具体的数据传入模板引擎，再由模板引擎渲染出最终视图，通常即为HTML。在MVC模式中，控制器利用模型来获取数据，利用视图来输出最终的HTML。Express的可扩展性让使用多种Node.js模板引擎实现这一功能成为可能，在本节中，将使用EJS模板引擎为例来实现。不过在了解到EJS的使用后，你可以替换成任一其他模板引擎。下图展示了MVC模式中控制器是如何渲染应用视图的。

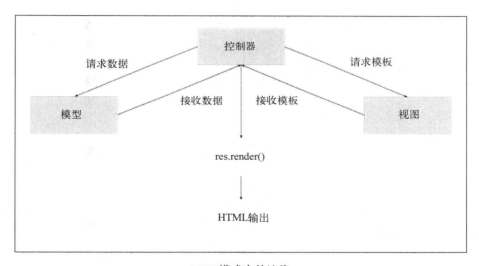

MVC模式中的渲染

Express有两种方法执行渲染，一是使用app.render()，将HTML交由一个回调函数进行渲染。更常用的是第二种，使用res.render()，将视图渲染成HTML后直接作为响应输出。由于一般都是直接输出HTML，所以第二种方法使用频率更高。不过若需要用Express应用发送HTML邮件，则需要使用app.render()方法。在开始讨论res.render()之前，先来看看怎样配置应用的视图系统。

### 3.8.1 配置视图系统

视图系统的配置是通过使用EJS模板引擎实现的。因此，配置视图系统的第一步是安装EJS模板引擎。下面先回到前文所述关于模块安装的例子，对EJS模块进行安装。首先，在package.json中添加相应的依赖，代码如下：

```
{
  "name": "MEAN",
  "version": "0.0.3",
  "dependencies": {
    "express": "~4.8.8",
    "morgan": "~1.3.0",
    "compression": "~1.0.11",
    "body-parser": "~1.8.0",
    "method-override": "~2.2.0",
    "ejs": "~1.0.0"
  }
}
```

然后安装新的EJS模块。在用命令行进入应用的根目录，执行如下命令即可：

```
$ npm update
```

安装完成后，便可以在Express中将EJS设置为默认的模板引擎。进入到config/express.js，进行如下修改：

```
var express = require('express'),
  morgan = require('morgan'),
  compress = require('compression'),
  bodyParser = require('body-parser'),
  methodOverride = require('method-override');

module.exports = function() {
  var app = express();
  if (process.env.NODE_ENV === 'development') {
    app.use(morgan('dev'));
  } else if (process.env.NODE_ENV === 'production') {
    app.use(compress());
  }

  app.use(bodyParser.urlencoded({
    extended: true
  }));

  app.use(bodyParser.json());
  app.use(methodOverride());

  app.set('views', './app/views');
  app.set('view engine', 'ejs');

  require('../app/routes/index.server.routes.js')(app);

  return app;
};
```

注意，上述代码中有两行使用的是app.set()方法，一是设置视图文件的存储目录，二是设置EJS作为Express应用的模板引擎。下面来创建视图。

### 3.8.2　EJS视图渲染

EJS视图由HTML代码和EJS标签两部分组成。EJS模板文件以.ejs为扩展名，存储于app/views文件夹中。使用`res.render()`方法时，EJS引擎会到`app.set()`方法设置的views目录中对模板进行查找。相符的模板找到后便开始对HTML代码进行渲染。下面来创建一个EJS视图。进入app/views目录，创建一个名为index.ejs的文件，并在此新建文件中输入如下代码：

```
<!DOCTYPE html>
<html>
  <head>
    <title><%= title %></title>
  </head>
  <body>
    <h1><%= title %></h1>
  </body>
</html>
```

除`<%= %>`标签外，上述代码大部分都是HTML代码。该标签是用来告诉EJS模板引擎，标签内就是需要替换的模板变量，即为示例中的`title`变量。这里要做的便是配置控制器去渲染模板并自动将其转换为HTML响应输出。为此，需要修改控制器。打开app/controllers/index.server.controller.js文件，并进行如下修改：

```
exports.render = function(req, res) {
  res.render('index', {
    title: 'Hello World'
  })
};
```

注意上述代码中`res.render()`方法的用法，其中第一个参数是EJS模板文件名中去掉扩展名的部分，第二个参数是包含有模板变量的对象。`res.render()`方法使用EJS引擎，到上文提及的config/express.js中`app.set('views', dirpath)`设置的views文件夹下搜索对应的模板文件，再使用传入的模板对象进行替换。修改完后，启动Express应用对上述修改进行测试：

```
$ node server
```

EJS视图便创建完成了。通过浏览器访问http://localhost:3000，你便可以看到渲染后的HTML。

EJS视图简单而又便于维护，它为创建应用视图提供了一种简便可行的方法。这里只是简单介绍了EJS视图的使用，在后面的章节中，还将会讲述更多关于EJS模板的内容。不过，在MEAN应用中，大部分的HTML渲染工作，其实是在客户端由AngularJS完成的。

## 3.9　静态文件服务

在任何一个Web应用中，都会需要提供静态文件服务。Express通过预置的`express.static()`

中间件来提供这一功能。回到上文所述的例子，添加静态文件服务功能。首先，对config/express.js
文件进行如下修改：

```
var express = require('express'),
  morgan = require('morgan'),
  compress = require('compression'),
  bodyParser = require('body-parser'),
  methodOverride = require('method-override');
module.exports = function() {
  var app = express();

  if (process.env.NODE_ENV === 'development') {
    app.use(morgan('dev'));
  } else if (process.env.NODE_ENV === 'production') {
    app.use(compress());
  }

  app.use(bodyParser.urlencoded({
    extended: true
  }));
  app.use(bodyParser.json());
  app.use(methodOverride());
  app.set('views', './app/views');
  app.set('view engine', 'ejs');

  require('../app/routes/index.server.routes.js')(app);

  app.use(express.static('./public'));

  return app;
};
```

express.static()中间件函数需要一个参数，用于指定静态文件所在的文件夹路径。注意
中间件启动的位置，它位于路由中间件之下，即先执行路由逻辑。路由逻辑没有响应请求的话，
再由静态文件服务进行处理。这样做的原因是，静态文件服务在文件系统中进行路径和文件检索，
需要消耗时间在I/O操作上，这便会增加一般的路由中间件的响应时间。

为测试静态文件服务中间件，在public/img中增加一张名为logo.png的图片，然后在
app/views/index.ejs中进行如下修改：

```
<!DOCTYPE html>
<html>
  <head>
    <title><%= title %></title>
  </head>
  <body>
    <img src="img/logo.png" alt="Logo">
    <h1><%= title %></h1>
  </body>
</html>
```

然后用命令行启动Express应用对以上修改进行测试：

```
$ node server
```

接下来通过浏览器访问http://localhost:3000，你便可以在网页中看到Express以静态文件服务提供的图片文件。

## 3.10 配置会话

会话的常见功能是对Web应用访客的行为进行跟踪。添加这一功能之前，需要在Express中安装express-session中间件。首先，对package.json文件进行如下修改：

```
{
  "name": "MEAN",
  "version": "0.0.3",
  "dependencies": {
    "express": "~4.8.8",
    "morgan": "~1.3.0",
    "compression": "~1.0.11",
    "body-parser": "~1.8.0",
    "method-override": "~2.2.0",
    "express-session": "~1.7.6",
    "ejs": "~1.0.0"
  }
}
```

接下来，安装express-session模块。使用命令行进入应用程序根目录，执行NPM命令即可。

```
$ npm update
```

安装完成后，便可以配置Express来使用express-session模块。该模块通过浏览器的cookie来存储用户的唯一标识。为了标记会话，需要使用一个密钥，这可以有效防止恶意的会话污染。为了安全起见，建议在不同的环境中使用不同的cookie密钥，这就涉及根据环境加载不同的配置文件。打开config/env/development.js文件，对其进行如下修改：

```
module.exports = {
  sessionSecret: 'developmentSessionSecret'
};
```

你可以对上述示例中密钥字符进行修改。然后，在其他环境的配置文件添加sessionSecret这一属性即可。使用上述配置文件对Express应用进行配置，首先，打开config/express.js文件，并对其进行以下修改：

```
var config = require('./config'),
  express = require('express'),
  morgan = require('morgan'),
```

```
      compress = require('compression'),
      bodyParser = require('body-parser'),
      methodOverride = require('method-override'),
      session = require('express-session');

module.exports = function() {
  var app = express();

  if (process.env.NODE_ENV === 'development') {
    app.use(morgan('dev'));
  } else if (process.env.NODE_ENV === 'production') {
    app.use(compress());
  }

  app.use(bodyParser.urlencoded({
    extended: true
  }));
  app.use(bodyParser.json());
  app.use(methodOverride());

  app.use(session({
    saveUninitialized: true,
    resave: true,
    secret: config.sessionSecret
  }));

  app.set('views', './app/views');
  app.set('view engine', 'ejs');

  require('../app/routes/index.server.routes.js')(app);

  app.use(express.static('./public'));

  return app;
};
```

请注意上述示例中的配置对象是如何传给express.session()中间件的。该配置对象中的secret属性被定义为前文修改的配置文件中的值。session中间件会为应用中所有的请求对象增加一个session对象，通过这个session对象，可以设置或者获取当前会话的任意属性。下面来测试一下，修改app/controller/index.server.controller.js文件如下：

```
exports.render = function(req, res) {
  if (req.session.lastVisit) {
    console.log(req.session.lastVisit);
  }

  req.session.lastVisit = new Date();

  res.render('index', {
    title: 'Hello World'
  });
};
```

上述代码记录了用户最后一次请求时间。控制器会先检查`session`对象中是否包含`lastVisit`这一属性。如果包含，就将该时间输出到终端，然后把`lastVisit`属性设置为当前时间。使用命令行运行如下命令对上述修改进行测试：

```
$ node server
```

接下来你便可以用浏览器访问http://localhost:3000，通过查看命令行输出对该应用进行测试。

## 3.11　总结

本章讲述了如何创建Express应用以及如何对其进行合理配置，并介绍了如何对文件和文件夹进行组织管理。还讲述了如何创建Express控制器以及如何利用Express的路由机制访问控制器。此外，还讲述了如何进行EJS视图渲染以及如何使用静态文件服务。本章最后还讲述了如何使用`express-session`模块来跟踪用户行为。下一章将会讨论如何使用MongoDB将应用的数据持久化。

第 4 章

# MongoDB入门

MongoDB是一个让人眼前一亮的新型数据库。近年来业内兴起的NoSQL潮流是一种有效的数据库解决方案，而MongoDB绝对是这一潮流的领头羊。源于Web应用的设计理念，强大的生产力，独一无二的数据模型，简易的可扩展架构，使得MongoDB成为Web开发人员进行数据持久化的最佳选择。从关系数据库转换到NoSQL解决方案是一个颇具挑战的工作，而理解MongoDB的设计目标则有助于简化这一过程。本章内容包括：

❑ 理解NoSQL和MongoDB的设计目标
❑ MongoDB的BSON数据结构
❑ MongoDB的集合与文档
❑ MongoDB查询语言
❑ MongoDB命令行工具的使用

## 4.1　NoSQL 简介

在过去很长一段时间里，Web开发人员一般使用关系型数据库存储持久化数据。大多数开发人员已经掌握了某一种SQL解决方案，使用成熟的关系数据库存储规范化数据模型已成为标准。开发人员需要在应用的不同部分之间进行数据调度，对象关系映射便应运而生。但随着Web应用规模越来越大，开发人员面对的可扩展性问题越来越突出。为此，社区里出现了大量针对更高可用性、查询简便性和水平扩展性而设计的键值存储解决方案。这些新的数据存储方式越来越完善，也提供了很多关系型数据库的特性。在这一演变中，出现了各种存储设计模式，包括键值存储、列存储、对象存储以及最流行的文档存储。

在常见的关系数据库中，数据存储在不同的表中，表与表之间用主键和外键进行关联。程序在使用数据时，先使用各种SQL语句获取数据，再以一种类似层级对象的方式组织数据。与关系数据库的表格不同，面向文档的数据库直接使用JSON或XML之类的标准格式来存储层级组织的文档。

为了更好地理解，我们以一篇博客文章为例进行说明。如果用关系数据库，一般需要使用两张表，其中一个用于存储文章，另一个用于存储文章评论，结构类似于下图：

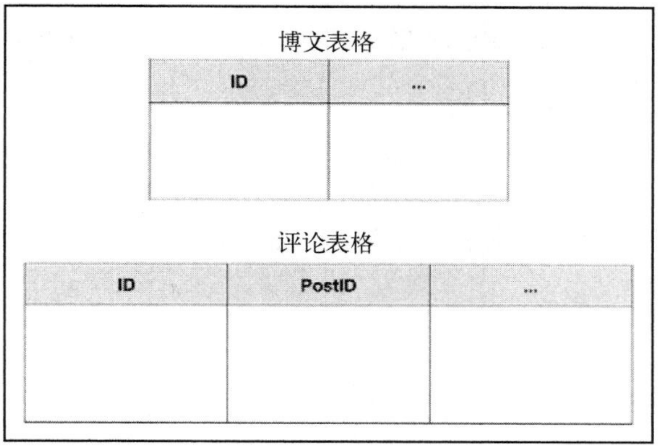

使用关系数据库存储的博客文章与评论

在应用中，可以使用MySQL对象关系映射类库，或者直接使用SQL语言查询文章记录与评论记录，构建出相应的博客文章对象。但在面向文档的数据库中，博客文章将会存储到单个文档中以供查询。以JSON存储的文档为例，博客文章可以以如下格式存储：

```
{
  "title": "First Blog Post",
  "comments": [

  ]
}
```

上述例子揭示了面向文档数据库与关系数据库的主要不同。可以看出，在关系数据库中，数据存储在不同的表里，并通过表格的记录（行）来构建应用中的对象。然而，使用整体性的文档存储，不仅可以加快读取操作，读取完成后也不用重新构建对象。此外，面向文档的数据库还有很多其他优点。

在应用开发中，经常会碰到修改模型的问题。比如，给每篇博文添加新属性。如果用的是关系数据库存储，那么首先需要修改表格结构，再到应用的数据层给博文对象添加属性。如果存在多篇博文，那么还需要对每一篇都进行修改。这就是说，模型修改之后我们不仅要修改代码，还要用专门的验证程序验证所有代码。相反，面向文档的数据库往往是无模式的，如果要在某个集合中存储不同的对象，直接存储即可，不需要对数据库做任何修改。可能对于一些经验丰富的开发人员开说，无模式存储无疑是自找麻烦，但就自由度而言，该存储方式仍有很大优势。

以一个二手家具电商为例，产品表需要存储的内容非常复杂。椅子和壁柜具有一些共同的特点，比如木料类型。但对于壁柜，用户更关心的是壁柜门的个数，如果把椅子和壁柜存储在关系数据库的表里，要么用一张表存储，那将有很多字段是空的，要么用另一张表存储键值属性，再用实体–属性–值模式去对应。但如果使用无模式存储，就可以在一个集合中对不同对象定义不同属性。并且不同的对象还可以有类似于木料类型之类的通用属性，查询时也更加方便。无模式存储同时还意味着在应用内便可以强制修改数据结构，而不需要在数据库中操作，这将大大缩短开发过程。

大量针对不同问题的NoSQL解决方案通常都围绕着缓存和规模问题。在这些解决方案中，面向文档的数据库逐渐成为NoSQL潮流中的主流。它们使用简单，并提供独立的持久化存储，甚至开始在一些领域挑战传统关系数据库的统治地位。面向文档的数据库类型可谓百花齐放，而其中最显著的当属MongoDB。

## 4.2　MongoDB 简介

2007年，Dwight Merriman和Eliot Horowitz创立了10gen，致力于开发一个更好地为Web应用提供服务的虚拟主机平台。平台以服务的形式提供托管，让开发人员能将精力放在开发上，而不是忙于硬件管理和基础设施扩展。但是很快他们发现，开发人员并不想放弃对基础设施的诸多控制。最终，他们将平台的各个部分分别进行了开源。

MongoDB是这些开源项目之一，它是一个基于文档的数据库解决方案。MongoDB的名字源于humongous。它在提供对复杂数据存储支持的同时，还保持着其他NoSQL存储的高性能。社区很快便将注意力转向这一新典范，于是，MongoDB成了世界上增长最快的数据库。拥有至少150个参与者，超过10 000次提交，MongoDB成为了世界上最火热的开源项目之一。

MongoDB的主要目标是创建一个既有关系数据库的鲁棒性，又能通过分布式扩展快速提升键值存储生产力的数据库。基于可扩展平台的理念，MongoDB可在保持与传统数据库同等持久性的同时，进行简单的水平扩展。MongoDB另一个重要目标是支持以标准化的JSON输出进行Web应用开发。这两个设计目标成为了MongoDB与其他解决方案相比最大的优势，而且恰好迎合了Web开发的发展潮流，比如几乎无处不在的虚拟化云计算，还有取代垂直扩展的水平扩展。

MongoDB大步超越了孕育它的平台，成为第一个被视为比关系数据库更可行的NoSQL数据存储层。其生态系统拥有大量社区开发的支持，已经对大多数编程平台提供了支持。与此同时，与MongoDB配套的各类工具也已成型，如MongoDB客户端工具、性能分析与优化工具、管理与维护工具等，还有大量已经取得VC投资的MongoDB托管服务。甚至诸如eBay、《纽约时报》等公司都开始将MongoDB运用到生产环境。为何开发人员这么偏爱MongoDB？让我们来看看MongoDB的一些关键特性。

## 4.3 MongoDB 的关键特性

MongoDB如此受欢迎，主要原因在于它的一些关键特性。前面曾提到，MongoDB的设计目标在于兼具传统数据库特性以及NoSQL存储的高性能。因此，MongoDB的关键特性在于消除了其他NoSQL解决方案在集成关系数据库特性时的限制。本节将讨论MongoDB的这一特性。

### 4.3.1 BSON格式

MongoDB最重要的特性是类JSON的数据存储格式——BSON（Binary JavaScript Object Notation，二进制JavaScript对象标写法）。该特性就是将类JSON文档序列化后进行二进制编码，它在设计之初便很讲究大小与性能方面的高效，使得MongoDB可以高吞吐率地进行读/写操作。

BSON和JSON一样，是一种简单的对象和数组键值格式表示方法。一个BSON文档包含多个元素，每个元素包括一个字符类型的字段名和一个特定类型的字段值。这些文档除了支持JSON的特殊数据类型，还支持其他几种数据类型，比如时间类型Date。

使用_id做主键是BSON格式的另一大优点。_id字段通常是以ObjectId为名的唯一标签符。它要么由应用驱动生成，要么由mongod服务生成。当驱动没有提供_id时，mongod服务将会自动生成，生成的字段包括：

- ❏ 4位的UNIX时间戳
- ❏ 3位的机器码
- ❏ 2位的进程编号
- ❏ 3位的计数器码，计数器是从一个随机数开始计数的

上文提及的博客文章如果用BSON存储，将会是下面这样：

```
{
  "_id": ObjectId("52d02240e4b01d67d71ad577"),
  "title": "First Blog Post",
  "comments": [
  ...
  ]
}
```

BSON使得MongoDB能够使用内部索引，并可映射到文档属性，就算是内嵌的文档也没问题，它提高了搜索集合的性能。更为重要的是，它还支持使用复杂查询表达式来匹配对象。

### 4.3.2 MongoDB即席查询

MongoDB的另一个设计目标便是扩展常规键值的存储功能。键值存储的主要问题在于查询

能力太有限，通常情况下只能用主要字段查询，更复杂的查询则多半要预先进行定义。为解决这个问题，MongoDB从关系数据库的动态查询语言借鉴了设计灵感。

支持即席查询意味着并不需要对每个查询进行预先定义，数据库会响应各种不同的结构化查询。这一目标，使用建立索引的BSON文档以及MongoDB独一无二的查询语言就可以实现。先来看一个SQL语句：

```
SELECT * FROM Posts WHERE Title LIKE '%mongo%';
```

上面这一简单的SQL语句将从数据库中查询标题中包含mongo的所有博文记录。该查询在MongoDB中则是这样完成的：

```
db.posts.find({ title:/mongo/ });
```

在MongoDB命令行工具中运行该查询，便可获取到所有标题中包含mongo的博文。本章后面的内容将包含更多关于MongoDB查询语言的内容。现在需要明确的一点是，MongoDB可以像传统的关系数据库那样进行查询。MongoDB的查询语言非常强大，但随着数据库的增大，随之而来的问题便是怎样在大量的数据中进行高效查询。MongoDB提供了索引机制来解决这一问题。

### 4.3.3　MongoDB索引

索引是帮助数据库引擎高效执行查询的独特数据结构。当数据库收到查询请求时，便会对整个集合进行扫描，以便找到与查询匹配的文档。这样一来，数据库引擎便会生成一大堆不必要的数据，影响数据库性能。

为加速扫描，数据库引擎可以使用预先定义的索引，索引可以帮助引擎快速地在查询语句和文档字段之间匹配。为了理解索引是如何工作的，可以试着查询一下所有评论超过10条的博文，文档定义如下：

```
{
  "_id": ObjectId("52d02240e4b01d67d71ad577"),
  "title": "First Blog Post",
  "comments": [

  ],
  "commentsCount": 12
}
```

用MongoDB查询评论多于10条的博文的查询语句如下：

```
db.posts.find({ commentsCount: { $gt: 10 } });
```

为了执行这个查询，MongoDB将遍历所有的博文，以检查其commentsCount是否大于10。但如果定义了commentsCount的索引，MongoDB便只需检查哪些博文的commentsCount字段大于10，下图展示了索引的运行过程：

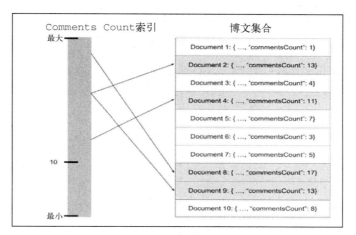

MongoDB索引机制

### 4.3.4 MongoDB副本集

MongoDB使用副本集（Replica Set）架构来提供数据冗余和提升可用性。数据库的副本既可以用来应对硬件故障，又可以提升数据库的读取性能。一个副本集就是多个MongoDB服务运行同一个数据库。其中一个作为活跃节点（Primary），其余的被称为备份节点（Secondaries）。副本集内的所有实例均可以实现读取操作，但是只有活跃节点可以进行写入操作。当一个写入操作发生时，活跃节点会将变化告知各个备份节点，并确保各个备份节点数据库都能够完成修改。下图描述了这一过程：

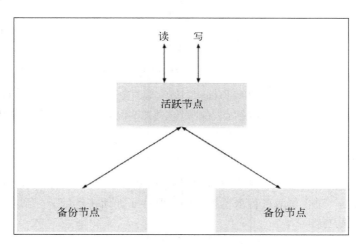

拥有一个活跃节点和两个备份节点的副本集工作流程

MongoDB副本集的另一个鲁棒性特点便是自动恢复。只要集内任何一个成员与活跃节点断开连接超过10秒，副本集便会从多个备份节点实例中选择并推举一个作为活跃节点。当之前的活跃节点再次连接上时，将会作为备份节点实例加入副本集中。

复制是MongoDB非常稳健的特性，该特性直接源于孕育它的平台。也正是这一特性，使MongoDB真正可以用于生产环境——当然，这还有其他特性的功劳。

你可以通过访问http://docs.mongodb.org/manual/replication/详细了解副本集。

### 4.3.5    MongoDB分片

随着Web应用的增加，可扩展性是必然要面对的问题。解决这一问题的思路分为两种：垂直扩展和水平扩展。二者的区别可以通过下图来说明：

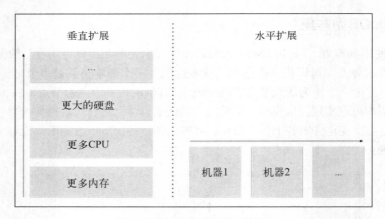

单机垂直扩展与多机水平扩展

垂直扩展比较简单，为了应对更高的负载，只需要针对单台服务器增加CPU和内存之类的资源即可。但是这种方法存在两个主要缺点。首先，对某些级别来讲，将负载分散到多个小的机器上，比增加单个机器资源消耗的成本更低，获得的效益更高。其次，现在流行的云计算对单个主机实例的大小有限制。因此，垂直扩展只能在规定的范围之内使用。

相对而言水平扩展更为复杂。它通过增加服务器来实现，每个服务器承担一部分负载，从而提供更好的整体性能。对数据库进行水平扩展的问题在于如何将数据分配到各个服务器，以及如何管理它们之间的读/写操作。

MongoDB通过分片来支持水平扩展。分片（sharding）就是将数据分散到不同服务器上的过程。每片负责一部分数据，功能上相当于一个单独的数据库。多个分片的集合在一起组成一个单一的逻辑数据库。所有的操作都通过名为查询路由（Query Routers）的服务进行，由这个服务来查询配置服务器，再将具体的请求发往某一个分片。

 你可以通过访问http://docs.mongodb.org/manual/sharding/进一步了解分片。

上面这些特性使得MongoDB日渐流行。虽然也存在一些其他替代方案，但是使用MongoDB的开发人员越来越多，MongoDB逐渐成为了NoSQL解决方案的领导者。概述就到这里，下面将进行深入探讨。

## 4.4  MongoDB 命令行工具

在第1章中，我们在本地搭建了一个MongoDB环境，还介绍了如何使用MongoDB命令行工具与服务实例交互。MongoDB命令行工具就是一个用JavaScript语法的查询语句执行各种不同操作的命令行工具。

在介绍MongoDB各部分之前，先来看看MongoDB命令行工具的使用，在命令行中执行如下命令来启动它：

```
$ mongo
```

如果MongoDB安装无误，你将会看到一个与下图相似的窗口输出：

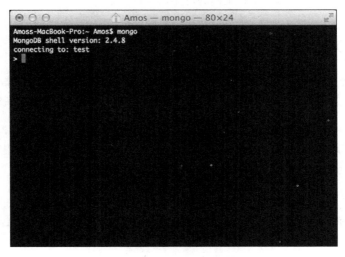

MongoDB命令行工具窗口

上述输出显示了目前使用的MongoDB命令行的版本，并且该命令行已经成功连接到默认test数据库。

## 4.5  MongoDB 数据库

每个MongoDB服务器实例可以存储多个数据库。连接MongoDB服务器时不指定数据库，便会自动连接到默认的test数据库。使用下面的命令即可将连接的数据库切换到一个名为mean的数据库：

```
> use mean
```

接着命令行输出便会提示你该命令行工具已成功切换到mean数据库。请注意，在使用数据库之前，你并不需要事先创建数据库。原因是，在实际MongoDB应用中，只有当你往集合里进行文档插入时，数据库和集合才会自动创建，这是因为MongoDB处理数据是动态的。另外一种将MongoDB命令行工具连接到指定数据库的方法是在启动MongoDB命令行工具时，将所要指定的数据库名作为mongo的参数。如下所示：

```
$ mongo mean
```

命令行工具会自动连接到mean数据库。如果要列出当前连接服务器上的所有数据库，运行如下命令即可：

```
> show dbs
```

上述命令将会列出所有当前存有文档的可用数据库。

## 4.6  MongoDB 集合

MongoDB集合就是MongoDB文档的列表，类似于关系数据库中的表。集合在插入第一个文档时自动创建。与关系数据库中的表不同的是，集合可以存储不同结构的文档，并不强制类型模式。

要处理MongoDB集合的操作，需要使用集合方法。下面创建一个posts集合，并插入第一个博文文档，在MongoDB命令行工具中执行如下命令：

```
> db.posts.insert({"title":"First Post", "user": "bob"})
```

命令执行后posts集合就会被自动创建出，并插入第一个文档。要检索集合中所有的文档，运行如下命令即可：

```
> db.posts.find()
```

你将会看到一个与下图相似的命令行输出：

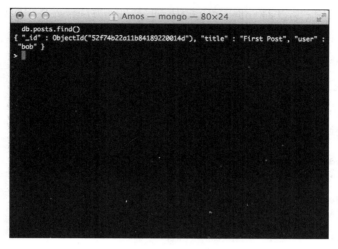

检索posts集合

这表明你已经成功创建了posts集合并在该集合中插入了第一个文档。

要查看所有可用的集合，在MongoDB命令行工具中执行如下命令即可：

```
> show collections
```

MongoDB命令行工具会输出所有可用的集合，在这里，除了刚刚创建的posts，还会有一个存储当前数据库内所有索引的system.indexes集合。

如果要删除posts集合，执行drop()命令即可，如下所示：

```
> db.query.drop()
```

成功删除后命令行将会输出true作为提示。

## 4.7 MongoDB 增删改查操作

创建、读取、更新和删除操作，合称增删改查（Create Read Update Delete，CRUD）。这都是数据库的基本操作，MongoDB提供了多个集合方法来完成这些操作。

### 4.7.1 创建新文档

前面的例子中已经使用insert()方法执行过添加文档的操作。此外，还可以使用update()和save()方法来创建新对象。

### 1. 使用insert()创建新文档

创建新文档最常用的方法是insert()方法。向insert方法传入一个参数作为新文档插入集合中即可。下面的命令便可将新文档插入到posts集合中:

```
> db.posts.insert({"title":"Second Post", "user": "alice"})
```

### 2. 使用update()创建新文档

update()方法通常用来更新已有文档,当然也可以用它来创建新文档,当查询条件匹配不到文档时,结合使用upsert标签,便可以插入新文档,如下所示:

```
> db.posts.update({
  "user": "alice"
}, {
  "title": "Second Post",
  "user": "alice"
}, {
  upsert: true
})
```

在上述示例中,MongoDB会先查询user值为alice的文档并执行更新,但实际上集合中是不存在这样的文档的,由于使用了upsert标签,当找不到匹配文档更新时,便会代以创建新文档。

### 3. 使用save()创建新文档

另外一种创建新文档的方法是使用save()方法,当传给它的文档没有_id字段,或者_id字段在目前的集合中并没有被使用时,便可创建新文档,如下所示:

```
> db.posts.save({"title":"Second Post", "user": "alice"})
```

这和update()方法的功能类似,当找不到可以匹配的文档进行更新时,便会创建新文档。

## 4.7.2    读取文档

find()方法用于从MongoDB集合中检索文档列表,它既可以请求集合中的所有文档,也可以使用查询条件检索特定文档。

### 1. 查询整个集合中的文档

要检索整个posts集合,只要给find()方法传一个空查询条件参数,或者不传参数。执行如下语句便可以检索出整个集合中的所有文档:

```
> db.posts.find()
```

此外,下面的查询也可以完成同样的任务:

```
> db.posts.find({})
```

这两个查询是等价的，都会返回整个posts集合中的所有文档。

### 2. 使用等值表达式

要检索特定文档，可以使用等值条件查询，以获取所有符合条件的文档。比如要从posts命令中获取user为alice的文档，运行如下命令即可：

```
> db.posts.find({ "user": "alice" })
```

这会检索出所有user值等于alice的文档。

### 3. 使用查询操作符

仅仅使用等值表达式是远远无法满足查询需求的。MongoDB提供了很多查询操作符来完成复杂的查询。使用查询操作符可以查询不同的条件。例如，要检索posts集合中所有user值为alice或bob的文档，可以使用$in操作符：

```
> db.posts.find({ "user": { $in: ["alice", "bob"] } })
```

 查询操作符还有很多，详情请参阅 http://docs.mongodb.org/manual/reference/operator/query/#query-selectors。

### 4. 创建AND/OR查询

有时候查询会需要多个条件，SQL语法支持使用AND/OR操作符来创建多个条件查询。在MongoDB查询中要使用AND操作符，直接将需要检查的属性添加到查询对象即可，如下所示：

```
> db.posts.find({ "user": "alice", "commentsCount": { $gt: 10 } })
```

相对于上文中使用的find()命令，这里添加了commentsCount属性的验证，这将只获取user为alice且commentsCount大于10的文档。OR操作符要相对复杂一些，需要使用$or操作符，请看下面的查询：

```
> db.posts.find( { $or: [{ "user": "alice" }, { "user": "bob" }] })
```

上述语句将查询user值为alice或bob的文档。

## 4.7.3　更新已有文档

在MongoDB中对文档进行更新，既可以使用update()方法，也可以使用save()方法。

### 1. 使用 `update()` 更新已有文档

update()方法有三个参数用于更新已有文档，第一个参数用于确定所要更新的目标文档的选择条件，第二个参数是update表达式，最后一个参数是选项对象。比如，下面的例子中，第一个参数是告诉MongoDB找出所有user值为alice的文档，第二个参数是明确更新title字段，第三个参数是更新选项，告知MongoDB更新所有符合条件的文档：

```
> db.posts.update({
  "user": "alice"
}, {
  $set: {
    "title": "Second Post"
  }
}, {
  multi: true
})
```

请注意选项对象中的multi属性。update()默认是更新单个文档，你可以通过设置multi使update()方法更新所有符合选择条件的文档。

### 2. 使用 `save()` 更新已有文档

另一种更新已有文档的方法是使用save()方法，将文档以参数的方式传给它即可。请注意，传入的文档必须包含有_id字段。例如，下面的代码会更新_id为ObjectId("50691737 d386d8fadbd6b01d")的文档：

```
> db.posts.save({
  "_id": ObjectId("50691737d386d8fadbd6b01d"),
  "title": "Second Post",
  "user": "alice"
});
```

请注意，save()方法会按_id查找相应的文档，如果找不到，则会新建一个。

## 4.7.4    删除文档

MongoDB提供了remove()方法执行文档删除操作。该方法可以传入两个参数：第一个参数是删除条件；第二个参数是布尔类型，用于确定删除类型——是删除单个文档，还是删除符合条件的所有文档。

### 删除所有文档

要删除所有文档，只要在调用remove()方法时，不传入任何删除条件即可。下面这一命令可以删除posts集合中的所有文档：

```
> db.posts.remove()
```

要注意remove()方法与drop()方法的区别。前者是删除集合内的所有文档,后者是删除整个集合,包括这个集合的索引。如果要使用不同的索引重建整个集合,推荐使用drop()方法。

(1) 删除多个文档

要一次性删除符合条件的多个文档,只需要向remove()方法传入一个删除条件即可。例如,要删除posts集合中所有user为alice的文档,执行如下命令即可:

```
> db.posts.remove({ "user": "alice" })
```

请注意,上述命令将会删除所有user为alice的文档。执行该命令时请务必慎重。

(2) 删除单个文档

要使用remove()执行单条删除,除了要传入删除条件参数外,还需要传入布尔类型参数来设置删除类型,其为真时即执行单个文档的删除。下面这条语句即删除user值为alice的第一个文档:

```
> db.posts.remove({ "user": "alice" }, true)
```

即使user值为alice的文档有很多,上述命令也只会删除第一个符合条件的文档。

## 4.8 总结

本章首先讲述了NoSQL数据库以及它对现代Web开发的意义,然后介绍了NoSQL潮流的先锋MongoDB,以及使得它成为强大的解决方案的几个特性和几个基本术语。最后讲述了如何使用MongoDB的查询语言执行增删改查操作。下一章将讨论如何使用Mongoose模块将Node.js与MongoDB结合起来。

# 第 5 章

# Mongoose入门

Mongoose是一个稳健的Node.js ODM模块，可让Express应用支持MongoDB。Mongoose使用模式来模型化实体，提供各类预定义的校验，也可以自定义各类校验，定义虚拟属性，以及使用中间件拦截并处理各类操作。Mongoose的设计目标在于将MongoDB的无模式方法与实际应用开发的需求衔接起来。本章中将讨论Mongoose的如下几个方面：

- ❑ Mongoose的模式与模型
- ❑ 模式的索引、修饰符和虚拟属性
- ❑ 使用模型的方法处理增删改查操作
- ❑ 使用预定义和自定义的验证器来对数据进行校验
- ❑ 使用中间件拦截处理模型方法

## 5.1 Mongoose 简介

Mongoose是一个提供了对象模型化，并可将其作为MongoDB文档存储的Node.js模块。MongoDB是一个无模式数据库，通过Mongoose的模型，我们既可以使用强制模式，也可以使用无模式模式。与其他的Node.js模块一样，在使用Mongoose之前，我们首先需要进行安装。本章的示例程序将沿用之前的例子，请直接复制第3章末尾的示例代码，并在此基础上操作。

### 5.1.1 安装Mongoose

在安装好MongoDB，并验证了该实例是在正常运作后，便可以使用Mongoose模块进行连接。首先将Mongoose安装到应用的模块文件夹，修改package.json如下：

```
{
  "name": "MEAN",
  "version": "0.0.5",
  "dependencies": {
    "express": "~4.8.8",
    "morgan": "~1.3.0",
    "compression": "~1.0.11",
```

```
      "body-parser": "~1.8.0",
      "method-override": "~2.2.0",
      "express-session": "~1.7.6",
      "ejs": "~1.0.0",
      "mongoose": "~3.8.15"
   }
}
```

在应用根目录运行如下命令安装新的依赖：

```
$ npm install
```

这样便可以将Mongoose的最新版本安装到应用的node_modules目录中。安装完成后，下一步便是连接到MongoDB实例。

## 5.1.2  连接MongoDB

连接MongoDB实例，需要用到MongoDB连接字符串。MongoDB连接字符串是一个URL，用于为MongoDB驱动指定需要连接的数据库实例，其构造如下：

```
mongodb://username:password@hostname:port/database
```

如果需要连接的是本地服务器实例，可以省略用户名和密码，简写如下：

```
mongodb://localhost/mean-book
```

连接MongoDB最简单的办法是直接在config/express.js中定义连接字符串，并设置用Mongoose模块进行连接：

```
var uri = 'mongodb://localhost/mean-book';
var db = require('mongoose').connect(uri);
```

不过，在实际应用开发中直接将连接字符串写在config/express.js中并不是一个好的实践方案。最佳方案是将应用程序变量存在环境配置文件中。在config/env/development.js中进行如下修改：

```
module.exports = {
   db: 'mongodb://localhost/mean-book',
   sessionSecret: 'developmentSessionSecret'
};
```

回到config目录，在其内创建mongoose.js，代码如下：

```
var config = require('./config'),
    mongoose= require('mongoose');

module.exports = function() {
  var db = mongoose.connect(config.db);

  return db;
};
```

注意两点，一是Mongoose模块的包含，二是使用配置对象中的db属性。然后便可以通过修改server.js文件对Mongoose的配置进行初始化。server.js文件修改如下：

```
process.env.NODE_ENV = process.env.NODE_ENV || 'development';

var Mongoose= require('./config/mongoose'),
    express = require('./config/express');

var db = mongoose();
var app = express();
app.listen(3000);

module.exports = app;

console.log('Server running at http://localhost:3000/');
```

安装Mongoose模块、修改配置文件、连接MongoDB实例都已经完成，现在可以运行应用了。使用命令行工具进入应用根目录，执行如下命令：

```
$ node server
```

应用启动起来后便会连接本地的MongoDB实例。

　　如果出现Error: failed to connect to [localhost:27017]相关的错误输出，请检查MongoDB实例的运行是否正常。

## 5.2　理解 Mongoose 的模式

连接MongoDB仅仅是第一步，Mongoose模块真正的神奇之处在于定义文档模式。正如你所知道的，MongoDB使用集合存储多个文档时，并不要求文档的结构相同。但在处理对象时还是需要文档都是类似的。Mongoose使用模式对象定义文档的各个属性，每个属性都有其类型和约束，以便控制文档的结构。模式定义完成后，便是定义用于创建MongoDB文档实例的模型构造器。本节将主要介绍如何定义模式与模型，以及如何使用模型实例创建、检索和更新文档。

### 5.2.1　创建User模式与模型

我们来创建一个模式，首先进入app/models文件夹，创建user.server.model.js文件，代码如下：

```
var Mongoose= require('mongoose'),
    Schema = mongoose.Schema;

var UserSchema = new Schema({
  firstName: String,
  lastName: String,
```

```
    email: String,
    username: String,
    password: String
});

mongoose.model('User', UserSchema);
```

上述代码做了两件事情，第一是使用模式构造器定义了UserSchema对象，第二是使用模式实例定义了User模型。接下来将讲述如何利用User模型处理应用逻辑层的增删改查操作。

## 5.2.2 注册User模型

在开始使用User模型之前，需要先在Mongoose配置文件中包含user.server.model.js文件，即注册User模型。进入config/mongoose.js中，修改代码如下：

```
var config = require('./config'),
    mongoose= require('mongoose');

module.exports = function() {
  var db = mongoose.connect(config.db);

  require('../app/models/user.server.model');

  return db;
};
```

请注意，Mongoose配置文件必须是server.js中第一个加载的配置文件。以便在Mongoose加载完成后，任何模块无需要加载便可直接使用Mongoose模型。

## 5.2.3 使用save()创建新文档

现在可以开始使用User模型了，但为了整体的有序性，最好创建一个Users控制器，用它来处理所有与用户相关的操作。进入app/controllers目录，创建一个命名为users.server.controller.js的文件，并为其输入如下代码：

```
var User = require('mongoose').model('User');

exports.create = function(req, res, next) {
  var user = new User(req.body);

  user.save(function(err) {
    if (err) {
      return next(err);
    } else {
      res.json(user);
    }
  });
};
```

这段代码中，先通过调用Mongoose的模型方法返回前面创建的User模型，接着定义了控制器方法create()，用于创建新的文档。create()方法中使用关键字new创建了一个新的模型实例，传入的参数是POST数据req.body，最后调用了模型实例的save()方法，保存成功则向浏览器输出user对象，失败则将错误传到下一个中间件。

为检测上述新创建的控制器，需要创建用户路由来调用上文所创建的create()控制器方法。在app/routes目录中创建名为users.server.routes.js的文件，并为其输入以下代码：

```
var users = require('../../app/controllers/users.server.controller');

module.exports = function(app) {
  app.route('/users').post(users.create);
};
```

我们要创建的Express应用主要是为AngularJS应用提供REST风格的API，因此在创建路由时尽量遵循REST的理念。在这里，最好是使用HTTP的POST方法请求users的基础路径来创建新用户。修改config/express.js如下：

```
var config = require('./config'),
    express = require('express'),
    morgan = require('morgan'),
    compress = require('compression'),
    bodyParser = require('body-parser'),
    methodOverride = require('method-override'),
    session = require('express-session');

module.exports = function() {
  var app = express();
  if (process.env.NODE_ENV === 'development') {
    app.use(morgan('dev'));
  } else if (process.env.NODE_ENV === 'production') {
    app.use(compress());
  }

  app.use(bodyParser.urlencoded({
    extended: true
  }));
  app.use(bodyParser.json());
  app.use(methodOverride());

  app.use(session({
    saveUninitialized: true,
    resave: true,
    secret: config.sessionSecret
  }));

  app.set('views', './app/views');
  app.set('view engine', 'ejs');

  require('../app/routes/index.server.routes.js')(app);
  require('../app/routes/users.server.routes.js')(app);
```

```
    app.use(express.static('./public'));

    return app;
};
```

创建完成！然后进入应用根目录，执行如下命令对该应用进行测试：

**$ node server**

程序便开始运行了。要创建新的用户，使用HTTP的POST方法请求users的基础路径，请求报体要包含如下的JSON数据：

```
{
  "firstName": "First",
  "lastName": "Last",
  "email": "user@example.com",
  "username": "username",
  "password": "password"
}
```

此外，我们还有另外一种方法来对应用进行测试。使用命令行执行curl命令，命令如下：

```
$ curl -X POST -H "Content-Type: application/json" -d
'{"firstName":"First", "lastName":"Last","email":"user@example.com","user
name":"username","password":"password"}' localhost:3000/users
```

　　　　测试应用的时候，往往要发起各种方法的HTTP请求。curl是一个必备的工具，但也有很多其他专门针对这类需求设计的工具，建议你从中选择一个适合的，后面的内容中你还会用到它。

## 5.2.4 使用 `find()` 查找多个文档

　　`find()`方法是用查询条件从单个集合中检索多个文档的模型方法，是Mongoose在MongoDB集合方法`find()`的基础上实现的。下面以在app/controller/users.server.controller.js中增加一个`list()`方法为例来看一看，代码如下：

```
exports.list = function(req, res, next) {
  User.find({}, function(err, users) {
    if (err) {
      return next(err);
    } else {
      res.json(users);
    }
  });
};
```

list()方法使用了find()来检索users集合中的文档。注册一个路由来使用这个新创建的方法。首先，打开app/routes/users.server.routes.js，修改其代码如下：

```
var users = require('../../app/controllers/users.server.controller');

module.exports = function(app) {
  app.route('/users')
    .post(users.create)
    .get(users.list);
};
```

然后执行如下代码运行应用：

```
$ node server
```

接下来，你便可在浏览器中通过访问http://localhost:3000/users进行测试。

### find()的高级查找

上例中的find()接受了两个参数，一个是MongoDB查询对象，一个是回调函数，但实际上find()可以有四个参数。

❑ Query：MongoDB查询对象
❑ [Fields]：可选，指定返回的字段
❑ [Options]：可选，查询配置选项对象
❑ [Callback]：可选，回调函数

例如，如果只需要返回用户名和用户邮件地址字段，对调用方法进行如下修改即可：

```
User.find({}, 'username email', function(err, users) {
  ...
})
```

此外，还可以向find()中传入各种选项，用以控制搜索返回的结果。例如，使用skip和limit可以只检索集合内一部分的某个子集，如下所示：

```
User.find({}, 'username email', {
  skip: 10,
  limit: 10
}, function(err, users) {
  ...
});
```

上述代码将从第10个文档开始，取出10个文档作为结果返回。

了解更多关于查询选项的信息，请参阅http://mongoosejs.com/docs/api.html。

### 5.2.5 使用findOne()读取单个文档

findOne()用于检索单个文档，与find()非常类似，两者的区别在于findOne()只获取特定子集中的第一个文档。在app/controllers/users.server.controller.js中增加如下两个方法：

```
exports.read = function(req, res) {
  res.json(req.user);
};

exports.userByID = function(req, res, next, id) {
  User.findOne({
    _id: id
  }, function(err, user) {
    if (err) {
      return next(err);
    } else {
      req.user = user;
      next();
    }
  });
};
```

read()方法比较好理解，直接使用req.user对象的JSON表示作为响应返回。userById()方法用于获取req.user对象，它将以中间件的方式运行，获取一个文档以便后续的删除、更新等操作。修改app/routes/user.server.routes.js如下：

```
var users = require('../../app/controllers/users.server.controller');

module.exports = function(app) {
  app.route('/users')
    .post(users.create)
    .get(users.list);

  app.route('/users/:userId')
    .get(users.read);

  app.param('userId', users.userByID);
};
```

users.read()方法所在的路由中包含一个userId。Express在路由中的字符之前增加冒号，该字符便会被当作一个请求参数来处理。app.param()定义的中间件负责生成req.user对象，会在任何注册时使用userId参数的中间件之前执行，即users.userById()方法会在users.read()这个中间件之前执行。REST风格的API经常会在路由字符串中使用请求参数，因此这种设计模式非常有用。

对上述方法进行测试，首先执行如下命令运行应用：

**$ node server**

接下来用浏览器访问http://localhost:3000/users，选取任意一个用户的_id值，然后访问

http://localhost:3000/users/[id]，请注意访问前先用所选取的用户_id值将[id]替换一下。

## 5.2.6　更新已有文档

　　Mongoose模块提供了多种更新已有文档的方法，包括update()、findOneAndUpdate()和findByIdAndUpdate()，这几个方法的抽象层级各有不同，可按需选用。本例中我们已经创建了userById()中间件，因此最简单的更新方法便是使用findByIdAndUpdate()方法，修改app/controllers/users.server.controller.js，添加一个新的update()方法如下：

```
exports.update = function(req, res, next) {
  User.findByIdAndUpdate(req.user.id, req.body, function(err, user) {
    if (err) {
      return next(err);
    } else {
      res.json(user);
    }
  });
};
```

　　这里是根据用户的id对文档进行查找并更新。下一步是将新的update()方法放到users路由模块中使用，编辑app/routes/users.server.routes.js文档如下：

```
var users = require('../../app/controllers/users.server.controller');

module.exports = function(app) {
  app.route('/users')
    .post(users.create)
    .get(users.list);

  app.route('/users/:userId')
    .get(users.read)
    .put(users.update);

  app.param('userId', users.userByID);
};
```

　　上述代码只是在原来的路由基础上，链接上了一个针对HTTP PUT方法的路由，使用update()对请求进行处理。执行如下命令运行应用：

```
$ node server
```

　　然后用一个可以进行REST提交的工具发送一个PUT请求。或者使用如下的curl命令，注意将[id]替换为数据库中实际的_id字段值：

```
$ curl -X PUT -H "Content-Type: application/json" -d '{"lastName":
"Updated"}' localhost:3000/users/[id]
```

### 5.2.7　删除已有文档

Mongoose模块提供了多个方法来删除文档，包括remove()、findOneAndRemove()和findByIdAndRemove()。本例中已经创建了userById()中间件，因此使用remove()方法最为简便。打开app/controller/users.server.controller.js，增加delete()方法，如下：

```
exports.delete = function(req, res, next) {
  req.user.remove(function(err) {
    if (err) {
      return next(err);
    } else {
      res.json(req.user);
    }
  })
};
```

这里是根据user对象对文档进行查找并删除。接下来，在users路由文件中创建方法来调用上面的delete()方法。编辑app/routes/users.server.routes.js如下：

```
var users = require('../../app/controllers/users.server.controller');

module.exports = function(app) {
  app.route('/users')
    .post(users.create)
    .get(users.list);

  app.route('/users/:userId')
    .get(users.read)
    .put(users.update)
    .delete(users.delete);

  app.param('userId', users.userByID);
};
```

与前文类似，这里是增加了处理HTTP DELETE请求的路由来调用delete()方法。运行应用来进行测试：

**$ node server**

然后同样与前文类似，发起一个REST风格的DELETE请求。若要使用curl则命令如下，同样，请用MongoDB中实际的_id来替换[id]：

**$ curl -X DELETE localhost:3000/users/[id]**

增删改查操作已经全部实现了，相信你对Mongoose的模型也基本有了大致的了解。不过这仅仅是Mongoose丰富功能的一小部分。下一节我们将讨论如何定义默认值、使用修饰符和进行数据验证。

## 5.3   扩展 Mongoose 模式

使用ODM模块执行简单的数据操作当然没有问题，但在复杂应用的开发过程中，ODM模块要做的远不只是这些。Mongoose提供了很多其他的功能，以保证数据一致性和文档建模的稳定性。

### 5.3.1   定义默认值

默认值是数据建模框架的常规功能。该功能虽然也可以在应用的逻辑中得以实现，但这样做一来会引起代码混乱，二来这并不是最佳实践。Mongoose在模式中就支持定义默认值，这样更有助于代码的组织和文档正确性的保障。

例如，我们需要在UserSchema中增加一个created的时间字段来保存用户注册时间。该字段将在对象创建时对创建时间进行初始化保存。这便是使用默认值功能最好的诠释。要想增加created时间字段，首先需要修改一下UserSchema。编辑app/models/user.server.model.js，代码如下：

```
var Mongoose= require('mongoose'),
    Schema = mongoose.Schema;

var UserSchema = new Schema({
  firstName: String,
  lastName: String,
  email: String,
  username: String,
  password: String,
  created: {
    type: Date,
    default: Date.now
  }
});

mongoose.model('User', UserSchema);
```

上述代码增加了created字段，并设置了默认值。此后对于新创建的用户文档，都将有一个存有文档创建时间的created字段。另外你可能还会发现，对于添加created字段之前生成的用户文档，也会有created这个字段，只不过该字段记录的是对当前文档的查询时间，而并非文档的创建时间——这些文档在创建时，created字段还没有被创建出来呢。

测试以上修改，运行如下命令运行应用：

```
$ node server
```

接下来使用curl等REST工具来执行一个POST请求，如下：

```
$ curl -X POST -H "Content-Type: application/json" -d
'{"firstName":"First", "lastName":"Last","email":"user@example.com","user
name":"username","password":"password"}' localhost:3000/users
```

一个新用户文档将会立即被创建出来。该文档将包含以文档创建时间为默认值的`created`字段。

## 5.3.2 使用模式修饰符

某些情况下，可能需要在文档保存之前，或者读取之后对模式字段执行一些操作。为此，Mongoose提供了修饰符功能。修饰符既可在文档保存之前对字段进行修改，又可查询完成时处理之后再返回。

### 1. 预定义修饰符

Mongoose预定义了一些简单的修饰符。比如对字符类型的字段使用trim修饰符去除两端的空格，使用uppercase修饰符转换为大写字母等。来看一个预定义的修饰符的例子，将users中的username字符去除两端多余的空格。修改app/models/user.server.model.js文件如下：

```
var mongoose= require('mongoose'),
    Schema = mongoose.Schema;

var UserSchema = new Schema({
  firstName: String,
  lastName: String,
  email: String,
  username: {
    type: String,
    trim: true
  },
  password: String,
  created: {
    type: Date,
    default: Date.now
  }
});

mongoose.model('User', UserSchema);
```

`username`字段中的`trim`属性便可确保字段的开头和末尾不会有空格。

### 2. 自定义setter修饰符

除了使用便捷的预定义修饰符，也可以自定义setter修饰符以便于在保存文档前执行数据操作。例如要在user模型中增加一个website字段，这个字段一般是由`http://`或`https://`打头的，相对于强制用户在输入时加上它们，可以自定义一个修饰符来对这些前缀进行检查，需要的话再对它们进行添加。`website`字段可以这样定义：

```
var UserSchema = new Schema({
  ...
  website: {
    type: String,
    set: function(url) {
      if (!url) {
        return url;
      } else {
        if (url.indexOf('http://') !== 0 && url.indexOf('https://')
!== 0) {
          url = 'http://' + url;
        }

        return url;
      }
    }
  },
  ...
});
```

此后当创建用户时，便会对website字段进行格式检查。但如果集合里已经有很多文档，又需要修改数据，那该如何来操作呢？第一是对数据进行迁移，但如果数量非常大，则可能严重影响性能。第二就是使用getter修饰符。

### 3. 自定义getter修饰符

getter修饰符用于在将文档向下级进行输出之前，对文档数据进行修改。在上述例子中，假如要保证所有文档在输出时website字段都是合法的网址，除了遍历整个集合——进行检查并修改外，还可以通过定义getter修饰符，在文档输出前对其website字段进行处理。为实现这一功能，修改UserSchema如下：

```
var UserSchema = new Schema({
  ...
  website: {
    type: String,
    get: function(url) {
      if (!url) {
        return url;
      } else {
if (url.indexOf('http://') !== 0 && url.indexOf('https://') !== 0) {
          url = 'http://' + url;
        }

        return url;
      }
    }
  },
  ...
});

UserSchema.set('toJSON', { getters: true });
```

简单修改setter修饰符的set属性便可作为getter修饰符的get属性。因为在res.json()等方法中，文档转换为JSON默认不会执行getter修饰符的操作，所以这里调用了UserSchema.set()，以便保证在这种情况下强制执行getter修饰符。

 修饰符功能强大，能够为你节省大量的时间。但由于应用行为的不确定性，请务必谨慎使用。你可以通过访问http://mongoosejs.com/docs/api.html来了解更多相关信息。

### 5.3.3　增加虚拟属性

有时我们会需要一些动态计算的文档属性，但又不需要将它们真正存储到文档中，这时便可以使用虚拟属性。例如，我们需要一个叫fullName的字段对用户的名和姓进行组合。对此借助模式方法virtual()即可实现，修改UserSchema如下：

```
UserSchema.virtual('fullName').get(function() {
  return this.firstName + ' ' + this.lastName;
});

UserSchema.set('toJSON', { getters: true, virtuals: true});
```

上述代码在UserSchema中增加了fullName虚拟属性，并配置了MongoDB文档在转换为JSON时也依然使用虚拟属性功能。

虚拟属性除了在读取文档时增加属性，还可以使用setter修饰符对文档以特定的字段方式进行存储而不需要进行额外的字段属性添加。比如，我们需要把fullName的姓和名分为两个字段单独存储，则可以对虚拟属性进行如下的修改：

```
UserSchema.virtual('fullName').get(function() {
  return this.firstName + ' ' + this.lastName;
}).set(function(fullName) {
  var splitName = fullName.split(' ');
  this.firstName = splitName[0] || '';
  this.lastName = splitName[1] || '';
});
```

虚拟属性是Mongoose很重要的一个功能，当在不同的应用层级之间对文档进行转移时，我们可以用它对文档在整个应用中的表示进行修改，而不用将这些修改保存到MongoDB中。

### 5.3.4　使用索引优化查询

前面的内容中已经提到，MongoDB支持使用多种类型的索引对查询的执行进行优化。Mongoose也支持索引功能，并且还提供了辅助索引（Secondary Indexes）。

最基本的索引是唯一索引（Unique Index），即索引字段在整个集合中是唯一的。通常都会要求 username 字段唯一，在我们的例子中，可以通过修改 UserSchema 定义来实现，如下所示：

```
var UserSchema = new Schema({
  ...
  username: {
    type: String,
    trim: true,
    unique: true
  },
  ...
});
```

这样 MongoDB 便会在 users 集合为 username 字段创建唯一索引。Mongoose 还支持使用 index 属性来创建辅助索引，比如在应用中会有很多涉及 email 字段的查询，创建一个 email 字段的辅助索引可以有效提升查询的效率：

```
var UserSchema = new Schema({
  ...
  email: {
    type: String,
    index: true
  },
  ...
});
```

索引是 MongoDB 非常奇妙的功能，但使用时还需谨慎。比如，对于已经有数据的集合，定义唯一索引后，可能引发一些导致应用无法启动的严重错误。另外，应用启动时 Mongoose 会自动创建大量索引，如果是生产环境的话，可能会产生一些性能问题。

## 5.4　模型方法自定义

Mongoose 模型已经预定义了很多静态方法和实例方法，有一部分在前面的内容中已经用到了。Mongoose 还支持对模型编写自定义的方法，使得应用逻辑能够分布到模型的模块中。让我们来逐个探讨一下如何定义这些方法。

### 5.4.1　自定义静态方法

模型的静态方法让我们可以操作模型层，比如自定义一个增强型的 find() 方法。例如，要按 username 来搜索 users，除了在控制器中写一个方法——并不推荐这样做，还可以写一个模型静态方法。模型静态方法定义在模式的 statics 属性中。例如，我们要增加一个 findOneByUsername() 的模型静态方法，如下所示：

```
UserSchema.statics.findOneByUsername = function (username,
  callback) {
```

```
    this.findOne({ username: new RegExp(username, 'i') }, callback);
};
```

上述方法使用`findOne()`方法来检索具有特定`username`值的文档。使用新增的`findOneByUsername()`就和使用普通的模型静态方法一样，直接通过模型来调用即可，如下：

```
User.findOneByUsername('username', function(err, user){
    ...
});
```

你可以通过这种方法来添加任何需要的功能到模型静态方法中，实际开发中你会发现它的确非常实用。

### 5.4.2　自定义实例方法

模型静态方法虽然好用，但却不能用来处理实例化后的对象——Mongoose使用实例方法来满足这个需求，以此提升代码的重用，降低总体代码量。通过模式的`methods`属性成员，即可定义实例方法。例如，我们要创建一个验证密码的`authenticate()`实例方法，代码如下：

```
UserSchema.methods.authenticate = function(password) {
    return this.password === password;
};
```

接下来可以直接通过User模型对象实例来调用上述实例方法，如下：

```
user.authenticate('password');
```

通过上面的例子可以发现，定义模型方法，可以更好地组织项目代码，提升代码重用率。在后面的内容中，你会发现这两种模型方法都非常有用。

## 5.5　模型的校验

在进行数据处理时经常要面对的问题便是校验。对于用户输入的信息，在保存到MongoDB之前，必须先执行校验。相对于在应用的逻辑层中进行校验，最好是在模型层中执行校验。Mongoose本身预置了一些简单的验证器，同时也支持自定义更为复杂的验证器。验证器定义在字段这一层，文档保存之前，它便会被调用来进行数据校验。如果校验通不过，会抛出相应的错误给回调函数。

### 5.5.1　预定义的验证器

Mongoose预置了好几种不同的验证器，大多数是针对特定类型的。最简单的验证器便是检查对应的值是否存在，Mongoose里面使用字段的`required`属性即可实现。比如我们要在保存前验证username字段是否存在，可以对UserSchema进行如下的修改：

```
var UserSchema = new Schema({
  ...
  username: {
    type: String,
    trim: true,
    unique: true,
    required: true
  },
  ...
});
```

这便实现了在保存文档前对username字段是否存在值的校验，以防止保存的文档username
字段为空。

除了required验证器，Mongoose还包括诸如enum和match之类针对特定类型的预置验证
器。假如要对email地址的合法性进行验证，则可以这样修改UserSchema：

```
var UserSchema = new Schema({
  ...
  email: {
    type: String,
    index: true,
    match: /.+\@.+\..+/
  },
  ...
});
```

这里match便会使用正则表达式对email字段进行检查，以确保只有能被正则表达式匹配
email的文档才能保存。

此外还有enum验证器，可以被用来对字段的值域进行限定。例如，我们要限制role字段的
内容，可以这样操作：

```
var UserSchema = new Schema({
  ...
  role: {
    type: String,
    enum: ['Admin', 'Owner', 'User']
  },
  ...
});
```

只有当role的值是Admin、Owner和user三个之一时，文档才可以保存。

你可以通过访问http://mongoosejs.com/docs/validation.html了解更多关于
Mongoose预置验证器的信息。

### 5.5.2  自定义的验证器

除了预置的验证器，Mongoose支持自定义验证器。要想自定义验证器，定义字段的`validate`属性即可。该属性是一个数组，数组包括一个函数和一个报错消息。如果我们要对密码的长度进行验证，则可以用下面的方法修改`UserSchema`：

```
var UserSchema = new Schema({
  ...
  password: {
    type: String,
    validate: [
      function(password) {
        return password.length >= 6;
      },
      'Password should be longer'
    ]
  },
  ...
});
```

当试图保存的文档的密码少于6位时，该自定义的验证器便会抛出`Password should be longer`的错误给回调函数。

Mongoose的验证器，不但可以有效地对模型的字段进行校验，还可以自定义合适的错误消息，它是一个非常强大的功能。在后续内容中，我们还会用它来检查用户的输入，以保证数据的一致性。

## 5.6  使用 Mongoose 中间件

Mongoose中间件可以用来中断`init`、`validate`、`save`和`remove`这几个实例方法，它在实例的层级执行，包括预处理中间件和后置处理中间件。

### 5.6.1  预处理中间件

预处理中间件在操作执行之前触发。例如，保存预处理（`pre-save`）中间件会在文档保存之前执行，这一特性使得预处理中间件很适合实现复杂的验证器和默认值初始化功能。

使用模式对象的`pre()`方法即可定义预处理中间件。下面这段代码可以实现对模型的验证：

```
UserSchema.pre('save', function(next) {
  if (...) {
    next()
  } else {
    next(new Error('An Error Occured'));
  }
});
```

### 5.6.2    后置处理中间件

后置处理中间件在操作执行完成之后触发，例如，保存后处理（post-save）中间件在保存文档完成之后执行。比较适合于实现应用的日志功能。

后置处理中间件使用模式对象的post()方法进行定义，如果使用后置处理中间件来实现打印模型保存日志的功能，可以使用如下代码来实现：

```
UserSchema.post('save', function(next) {
  if(this.isNew) {
    console.log('A new user was created.');
  } else {
    console.log('A user updated is details.');
  }
});
```

注意，上述代码中用了isNew属性来确定是创建操作还是更新操作。

Mongoose中间件适合于日志、校验和数据一致性处理等应用场景。概念上可能会感觉有点复杂，别担心，本书后面的内容还会帮助我们对它进行理解。

关于 Mongoose 中间件更多的信息，请参阅 http://mongoosejs.com/docs/middleware.html。

## 5.7    使用 Mongoose DBRef

MongoDB是不支持连接查询的，但可以使用DBRef在不同的文档之间建立引用关系。Mongoose通过模式中的ObjectID类型及ref属性来实现对DBRef的支持。Mongoose还支持在查询时将子文档填充到父文档中。

例如我们要为博文创建一个PostSchema模式，每个博文都通过PostSchema的author字段来对应作者，这一字段由user模型的实例构成。PostSchema定义代码如下：

```
var PostSchema = new Schema({
  title: {
    type: String,
    required: true
  },
  content: {
    type: String,
    required: true
  },
  author: {
```

```
        type: Schema.ObjectId,
        ref: 'User'
    }
});

mongoose.model('Post', PostSchema);
```

请注意，`ref`属性指定使用`User`模型来填充`author`字段。

在使用中，创建新的博文时，必须先通过检索或者创建的方式获取`User`模型实例，再用`User`实例作为博文`author`字段的值，代码如下：

```
var user = new User();
user.save();

var post = new Post();
post.author = user;
post.save();
```

`post`文档中将创建一个关联了引用文档的DBRef，检索时便可依此获取引用文档。

DBRef中只是存了引用文档的`ObjectID`，Mongoose还需要使用`user`实例来填充`post`实例。检索博文文档时，使用`populate()`方法便可以将用户文档填充过来。下面这段代码，演示了如何在`find()`的结果集中对`author`字段进行填充：

```
Post.find().populate('author').exec(function(err, posts) {
    ...
});
```

上述代码将会检索整个post集合，所有文档的`author`字段会使用对应的`user`进行填充。

DBRef是MongoDB一个很棒的功能，Mongoose对这一功能的支持，使得模型可以通过对象引用实现更好的组织。本书后面的内容中，也会用DBRef来支撑应用逻辑。

　　了解更多关于DBRef的信息，请参阅http://mongoosejs.com/docs/populate.htm。

## 5.8 总结

本章首先介绍了Mongoose的模型，了解了如何使用Mongoose的模式和模型连接MongoDB的实例，以及如何利用模式的修饰符和中间件执行数据验证；然后介绍了使用虚拟属性和修饰符修改文档的显示与表达；最后是关于DBRef的介绍与使用。下一章将介绍Passport鉴权模块，用它结合本章的User模型来处理用户权限。

# 第 6 章

# 使用Passport模块管理用户权限

6

Passport是一个非常强大的Node.js鉴权模块,可以帮助Express对收到的各种请求进行身份验证。通过运用策略,Passport不仅支持本地用户的身份验证,还支持OAuth的登录验证,比如Facebook、Twitter和Google等。通过运用Passport策略,我们可以利用统一的User模型为用户提供多个登录方式。本章的主要内容如下:

- ❑ 理解Passport策略
- ❑ 将Passport集成到MVC架构中
- ❑ 使用Passport的本地策略进行用户验证
- ❑ 使用Passport的OAuth策略
- ❑ 提供OAuth方式的社交账号登录

## 6.1 Passport 简介

处理用户登录和注册的鉴权,对于大多数的Web应用来讲都是至关重要的一环,有时候还会成为开发中的一个负担。而以至精至简的Node理念所开发的Express本身是没有这一功能的,因此它需要借助模块扩展来实现。Passport便是一个使用Node.js中间件模式而设计的请求鉴权模块,通过其策略机制,开发人员可以提供出多种鉴权方法,这便可以使用简洁的代码来实现复杂的身份验证层。与普通的第三方Node.js模块一样,Passport需要先安装才能使用。本章的示例基于前面的内容,可以直接在第5章最终示例程序上进行修改。

### 6.1.1 安装

Passport使用不同的模块来代表不同的身份验证策略,这些模块都是基于Passport基础模块的。要想安装Passport基础模块,需修改paskage.json文件,如下所示:

```
{
  "name": "MEAN",
  "version": "0.0.6",
  "dependencies": {
    "express": "~4.8.8",
    "morgan": "~1.3.0",
    "compression": "~1.0.11",
    "body-parser": "~1.8.0",
    "method-override": "~2.2.0",
    "express-session": "~1.7.6",
    "ejs": "~1.0.0",
    "mongoose": "~3.8.15",
    "passport": "~0.2.1"
  }
}
```

接下来进入应用根目录，使用命令行工具执行如下命令来进行安装：

```
$ npm install
```

指定版本的Passport便会安装到node_models目录中。安装完成后，接下来需要对Passport进行配置。

## 6.1.2　配置

Passport的配置需要如下几个步骤。首先需要创建Passport配置文件。进入config目录，创建名为passport.js的空文件，稍后我们会编辑其内容。然后在server.js文件中对创建好的passport.js进行包含，代码如下：

```
process.env.NODE_ENV = process.env.NODE_ENV || 'development';

var mongoose = require('./config/mongoose'),
    express = require('./config/express'),
    Passport= require('./config/passport');

var db = mongoose();
var app = express();
varPassport= passport();

app.listen(3000);

module.exports = app;

console.log('Server running at http://localhost:3000/');
```

第三步，在Express应用中注册Passport中间件，编辑config/express.js如下：

```
var config = require('./config'),
    express = require('express'),
    morgan = require('morgan'),
```

```
        compress = require('compression'),
        bodyParser = require('body-parser'),
        methodOverride = require('method-override'),
        session = require('express-session'),
        Passport= require('passport');

module.exports = function() {
  var app = express();

  if (process.env.NODE_ENV === 'development') {
    app.use(morgan('dev'));
  } else if (process.env.NODE_ENV === 'production') {
    app.use(compress());
  }

  app.use(bodyParser.urlencoded({
    extended: true
  }));
  app.use(bodyParser.json());
  app.use(methodOverride());

  app.use(session({
    saveUninitialized: true,
    resave: true,
    secret: config.sessionSecret
  }));
  app.set('views', './app/views');
  app.set('view engine', 'ejs');

  app.use(passport.initialize());
  app.use(passport.session());

  require('../app/routes/index.server.routes.js')(app);
  require('../app/routes/users.server.routes.js')(app);

  app.use(express.static('./public'));

  return app;
};
```

回顾以上的配置步骤，首先包含了Passport模块，然后注册了两个中间件，即用于Passport模块启动的passport.initialize()中间件和用于Express追踪用户会话的passport.session()中间件。

Passport的安装和配置到此就完成了。但在实际应用中，还必须安装身份验证策略。接下来的介绍将先从提供简单的用户名/密码身份验证层的本地策略开始。不过在此之前，首先来了解一下Passport策略是如何工作的。

## 6.2 理解 Passport 策略

Passport通过使用不同的模块来提供大量的身份验证选项，用以实现不同的身份验证策略。每个模块都提供了不同的鉴权方法，比如用户名/密码验证、OAuth验证等。只有安装和配置了相应的策略模块，才能够使用Passport进行身份验证。下面将从本地验证策略开始介绍。

### 6.2.1 使用Passport的本地策略

Passport本地策略模块实现了基于用户名/密码的身份验证机制。首先需要安装本地策略模块，然后将该模块配置为User Mongoose模式。下面开始安装Passport本地策略模块。

#### 1. 安装

修改package.json文件如下：

```
{
  "name": "MEAN",
  "version": "0.0.6",
  "dependencies": {
    "express": "~4.8.8",
    "morgan": "~1.3.0",
    "compression": "~1.0.11",
    "body-parser": "~1.8.0",
    "method-override": "~2.2.0",
    "express-session": "~1.7.6",
    "ejs": "~1.0.0",
    "mongoose": "~3.8.15",
    "passport": "~0.2.1",
    "passport-local": "~1.0.0"
  }
}
```

然后在应用根目录下运行如下命令安装该模块：

```
$ npm install
```

相应版本的Passport本地策略模块便安装到node_modules文件夹中了。接下来便需要对安装好的模块进行配置。

#### 2. 配置

Passport的身份验证策略是基于Node.js各个模块的，通过选择模块便可选择策略。为了分别维护不同的策略，可以对各个策略分别使用独立的配置文件。进入config目录，创建一个名为strategies的文件夹，在其内创建一个名为local.js的文件并为其输入如下代码：

```
var Passport= require('passport'),
    LocalStrategy = require('passport-local').Strategy,
```

```
      User = require('mongoose').model('User');

  module.exports = function() {
    passport.use(new LocalStrategy(function(username, password, done) {
      User.findOne({
        username: username
      }, function(err, user) {
        if (err) {
          return done(err);
        }

        if (!user) {
          return done(null, false, {
            message: 'Unknown user'
          });
        }
        if (!user.authenticate(password)) {
          return done(null, false, {
            message: 'Invalid password'
          });
        }

        return done(null, user);
      });
    }));
  };
```

上述代码分别包含了Passport模块、本地策略模块和自定义的User Mongoose模型。使用`passport.use()`方法注册了策略，该方法中传入的参数是本地策略的实例。注意，这里创建实例的参数是回调函数，当需要对用户鉴权时，便会执行该回调函数。

回调函数有三个参数：username、passport和鉴权完成时需要调用的回调函数done。外层回调函数之内，先是用Mongoose模型User根据传入的用户名对用户进行查找，并执行鉴权。在处理错误的过程中，会将具体的错误传给回调函数done。鉴权成功之后，则会将Mongoose对象user传给回调函数done。

终于到了给前面创建的空文件config/passport.js编写内容的时候了。现在本地策略已经准备好了，接着便是用它来配置本地身份验证，编辑config/passport.js的内容如下：

```
  var Passport= require('passport'),
      mongoose = require('mongoose');

  module.exports = function() {
    var User = mongoose.model('User');

    passport.serializeUser(function(user, done) {
      done(null, user.id);
    });

    passport.deserializeUser(function(id, done) {
```

```
User.findOne({
  _id: id
}, '-password -salt', function(err, user) {
  done(err, user);
});
});

require('./strategies/local.js')();
};
```

上述代码中，`passport.serializeUser()`和`passport.deserializeUser()`是用于定义Passport处理用户信息的方法。当用户身份验证完成后，Passpor会将用户的`_id`属性存到会话中。当需要使用`user`对象的时候，Passport便使用`_id`属性从数据库中获取用户信息。注意，在执行`User.findOne`的时候，传入了`-passport -salt`参数来防止读取`password`和`salt`属性。另外，代码中还包含了本地策略配置文件，这样，server.js便可以完成Passport本地策略的加载。下一步便是修改`User`模型，用它来支撑Passport身份验证。

## 6.2.2 修改`User`模型

前面已经创建了`User`模型的基本结构。但在该模型的实际应用中，还需要对其加以修改，以实现一些处理身份验证过程的需求。这一操作主要是通过为`UserSchema`增加一个预处理中间件和若干个实例方法来完成的。修改app/models/user.js的内容，如下所示：

```
var mongoose = require('mongoose'),
    crypto = require('crypto'),
    Schema = mongoose.Schema;

var UserSchema = new Schema({
  firstName: String,
  lastName: String,
  email: {
    type: String,
    match: [/.+\@.+\..+/, "Please fill a valid e-mail address"]
  },
  username: {
    type: String,
    unique: true,
    required: 'Username is required',
    trim: true
  },
  password: {
    type: String,
    validate: [
      function(password) {
        return password && password.length > 6;
      }, 'Password should be longer'
    ]
  },
```

```
    salt: {
      type: String
    },
    provider: {
      type: String,
      required: 'Provider is required'
    },
    providerId: String,
    providerData: {},
    created: {
      type: Date,
      default: Date.now
    }
});

UserSchema.virtual('fullName').get(function() {
  return this.firstName + ' ' + this.lastName;
}).set(function(fullName) {
  var splitName = fullName.split(' ');
  this.firstName = splitName[0] || '';
  this.lastName = splitName[1] || '';
});

UserSchema.pre('save', function(next) {
  if (this.password) {
    this.salt = new
      Buffer(crypto.randomBytes(16).toString('base64'), 'base64');
    this.password = this.hashPassword(this.password);
  }

  next();
});

UserSchema.methods.hashPassword = function(password) {
  return crypto.pbkdf2Sync(password, this.salt, 10000,
    64).toString('base64');
};

UserSchema.methods.authenticate = function(password) {
  return this.password === this.hashPassword(password);
};

UserSchema.statics.findUniqueUsername = function(username, suffix,
  callback) {
  var _this = this;
  var possibleUsername = username + (suffix || '');

  _this.findOne({
    username: possibleUsername
  }, function(err, user) {
    if (!err) {
      if (!user) {
        callback(possibleUsername);
      } else {
```

```
        return _this.findUniqueUsername(username, (suffix || 0) +
          1, callback);
        }
      } else {
        callback(null);
      }
    });
};

UserSchema.set('toJSON', {
  getters: true,
  virtuals: true
});

mongoose.model('User', UserSchema);
```

上述代码首先为UserSchema增加了四个字段。salt属性，用于对密码进行哈希；provider属性，用于标明注册用户时所采用的Passport策略类型；providerId属性，用于标明身份验证策略的用户标志符；providerData属性，用于存储从OAuth提供方获取的用户信息。

接下来，创建了一个预存储处理中间件，用以执行对用户密码的哈希操作。若在实际应用中存储用户密码的明文，一旦泄露后果将不堪设想。为此，在存储用户对象之前，预存储处理中间件将执行以下两步操作：首先，使用伪随机方法生成了一个盐；其次，使用实例方法hashPassword()对原密码执行哈希操作。

此外还有两个实例方法，hashPassword()实例方法和authenticate()实例方法。其中，hashPassword() 实例方法是通过使用Node.js的crypto模块来执行用户密码的哈希，authenticate()实例方法则将接收的参数字符串的哈希结果与数据库中存储的用户密码哈希值进行对比。最后，还创建了一个静态方法findUniqueUsername()，用于为新用户确定一个唯一可用的用户名，这个方法在后面处理OAuth身份验证时将会用到。

User模型的修改就完成了，但在对其进行测试之前，还需要完成以下几步。

## 6.2.3  创建身份验证视图

为进行用户身份验证，几乎所有的Web应用都需要用户注册和登录页面。在这里将使用EJS模板引擎来创建这两个视图。在app/view文件夹中创建一个signup.ejs文件，并为其输入如下内容：

```html
<!DOCTYPE html>
<html>
<head>
  <title>
    <%=title %>
  </title>
</head>
<body>
```

```
<% for(var i in messages) { %>
  <div class="flash"><%= messages[i] %></div>
<% } %>
<form action="/signup" method="post">
  <div>
    <label>First Name:</label>
    <input type="text" name="firstName" />
  </div>
  <div>
    <label>Last Name:</label>
    <input type="text" name="lastName" />
  </div>
  <div>
    <label>Email:</label>
    <input type="text" name="email" />
  </div>
  <div>
    <label>Username:</label>
    <input type="text" name="username" />
  </div>
  <div>
    <label>Password:</label>
    <input type="password" name="password" />
  </div>
  <div>
    <input type="submit" value="Sign up" />
  </div>
</form>
</body>
</html>
```

注册视图页面中主要包括一个HTML表单、一个用于填充HTML title属性的EJS标签，以及一个填充message列表变量的EJS循环。接下来再创建一个signin.ejs文件，并为其输入如下内容：

```
<!DOCTYPE html>
<html>
<head>
  <title>
    <%=title %>
  </title>
</head>
<body>
  <% for(var i in messages) { %>
    <div class="flash"><%= messages[i] %></div>
  <% } %>
  <form action="/signin" method="post">
    <div>
      <label>Username:</label>
      <input type="text" name="username" />
    </div>
    <div>
      <label>Password:</label>
```

```
      <input type="password" name="password" />
    </div>
    <div>
      <input type="submit" value="Sign In" />
    </div>
  </form>
</body>
</html>
```

signin.ejs文件也比较简单，它包括一个HTML表单、一个填充HTML title属性的EJS标签，以及一个填充message列表变量的EJS循环。模型层和视图层部分就完成了，接下来通过修改控制层来连接模型和视图。

## 6.2.4 修改用户控制器

进入app/controllers目录，修改Users控制器文件users.server.controller.js如下：

```
var User = require('mongoose').model('User'),
  Passport= require('passport');

var getErrorMessage = function(err) {
  var message = '';

  if (err.code) {
    switch (err.code) {
      case 11000:
      case 11001:
        message = 'Username already exists';
        break;
      default:
        message = 'Something went wrong';
    }
  } else {
    for (var errName in err.errors) {
      if (err.errors[errName].message) message = err.errors[errName].
message;
    }
  }

  return message;
};

exports.renderSignin = function(req, res, next) {
  if (!req.user) {
    res.render('signin', {
      title: 'Sign-in Form',
      messages: req.flash('error') || req.flash('info')
    });
  } else {
    return res.redirect('/');
  }
};
```

```
exports.renderSignup = function(req, res, next) {
  if (!req.user) {
    res.render('signup', {
      title: 'Sign-up Form',
      messages: req.flash('error')
    });
  } else {
    return res.redirect('/');
  }
};

exports.signup = function(req, res, next) {
  if (!req.user) {
    var user = new User(req.body);
    var message = null;

    user.provider = 'local'

    user.save(function(err) {
      if (err) {
        var message = getErrorMessage(err);

        req.flash('error', message);
        return res.redirect('/signup');
      }
      req.login(user, function(err) {
        if (err) return next(err);
        return res.redirect('/');
      });
    });
  } else {
    return res.redirect('/');
  }
};

exports.signout = function(req, res) {
  req.logout();
  res.redirect('/');
};
```

私有方法getErrorMessage()用于处理Mongoose错误对象并返回统一格式的错误消息。需要注意的是，这里可能主要存在两种错误，一是MongoDB索引错误的错误代码，二是Mongoose校验错误的err.errors对象。

另外两个控制器方法比较简单，主要用于填充注册以及登录页面。signout()方法也比较简单，它调用Passport模块提供req.logout()方法，用于退出已验证的会话。

signup()方法利用User模型来创建新用户。如上述代码所示，该方法先是使用HTTP请求body创建了一个user对象，接着尝试将该对象存入MongoDB，一旦出现错误，便调用getErrorMessage()将错误转换为便于用户理解的错误消息。如果用户创建成功，便会使用Express提供的req.login()方法来创建一个登录成功的用户会话。登录操作完成后，user对象便会注册到`req.user`对象中。

> 使用`passport.authenticate()`方法时将会自动调用`req.login()`方法，因此你只需要在首次使用`req.login()`方法注册新用户时对其进行手动调用即可。

上述代码中用到了一个新的模块。当身份验证失败后，通常的做法是将请求重新定向为回到注册或登录页面。代码中出错时便会这样做，但如何告知用户所发生的具体错误的内容呢？当对页面进行重新定向时，无法直接将参数传给目的页面。这便需要一种可以在不同的请求之间传递临时消息的机制。Node模块`Connect-Flash`就是专门为此而生。

**错误显示信息**

`Connect-Flash`模块用于存储临时消息，它将消息存储在会话对象`flash`中，这些消息会被一次性发送给用户。这一架构使得`Connect-Flash`模块可以在把请求重定向到其他页面之前，将错误消息传给新的页面。

(1) 安装

要将`Connect-Flash`模块安装到应用中，修改`package.json`文件如下：

```
{
  "name": "MEAN",
  "version": "0.0.6",
  "dependencies": {
    "express": "~4.8.8",
    "morgan": "~1.3.0",
    "compression": "~1.0.11",
    "body-parser": "~1.8.0",
    "method-override": "~2.2.0",
    "express-session": "~1.7.6",
    "ejs": "~1.0.0",
    "connect-flash": "~0.1.1",
    "mongoose": "~3.8.15",
    "passport": "~0.2.1",
    "passport-local": "~1.0.0"
  }
}
```

使用命令行工具进入应用根目录，然后执行如下命令来安装新的依赖：

```
$ npm install
```

指定版本的`Connect-Flash`模块便会安装在应用根目录下的node_modules文件夹中。接着便是在Express应用中对其进行配置。

(2) 配置

　　Express在经过配置之后方可使用Connect-Flash模块。因此需要在Express的配置文件中包含这一新模块，并使用app.use()来为其进行注册。修改config/express.js文件如下：

```
var config = require('./config'),
    express = require('express'),
    morgan = require('morgan'),
    compress = require('compression'),
    bodyParser = require('body-parser'),
    methodOverride = require('method-override'),
    session = require('express-session'),
    flash = require('connect-flash'),
    Passport= require('passport');

module.exports = function() {
  var app = express();

  if (process.env.NODE_ENV === 'development') {
    app.use(morgan('dev'));
  } else if (process.env.NODE_ENV === 'production') {
    app.use(compress());
  }

  app.use(bodyParser.urlencoded({
    extended: true
  }));
  app.use(bodyParser.json());
  app.use(methodOverride());

  app.use(session({
    saveUninitialized: true,
    resave: true,
    secret: config.sessionSecret
  }));

  app.set('views', './app/views');
  app.set('view engine', 'ejs');

  app.use(flash());
  app.use(passport.initialize());
  app.use(passport.session());

  require('../app/routes/index.server.routes.js')(app);
  require('../app/routes/users.server.routes.js')(app);

  app.use(express.static('./public'));

  return app;
};
```

Express应用便可以使用Connect-Flash在会话中创建新的flash区域。

(3) 使用

Connect-Flash模块提供了req.flash()方法用以创建和检索flash消息。回头审阅一下上面的Users控制器，先来看看负责填充注册和登录页面的renderSignup()方法和renderSignin()方法：

```
exports.renderSignin = function(req, res, next) {
  if (!req.user) {
    res.render('signin', {
      title: 'Sign-in Form',
      messages: req.flash('error') || req.flash('info')
    });
  } else {
    return res.redirect('/');
  }
};

exports.renderSignup = function(req, res, next) {
  if (!req.user) {
    res.render('signup', {
      title: 'Sign-up Form',
      messages: req.flash('error')
    });
  } else {
    return res.redirect('/');
  }
};
```

如上述代码所示，res.render()方法是通过title和message变量来执行的。其中，message变量是使用req.flash()读取的flash区域中所存储的消息。下面回到signup()方法，可以看到下面这行代码：

```
req.flash('error', message);
```

这是使用req.flash()方法将错误信息写入flash中。到此为止，你可能注意到，我们没有编写signin()方法。其原因在于，Passport提供了一个专门的身份验证方法，可以直接用于定义路由。最后一步，就剩下修改Users的路由定义文件了。

## 6.2.5 添加用户路由

模型、视图和控制器全部都配置好了，最后便是定义user的路由，修改app/routes/users. server.routes.js文件如下：

```
var users = require('../../app/controllers/users.server.controller'),
    Passport= require('passport');

module.exports = function(app) {
  app.route('/signup')
```

```
        .get(users.renderSignup)
        .post(users.signup);

    app.route('/signin')
        .get(users.renderSignin)
        .post(passport.authenticate('local', {
            successRedirect: '/',
            failureRedirect: '/signin',
            failureFlash: true
        }));

    app.get('/signout', users.signout);
};
```

不难看出，上述代码中定义的大部分路由，都是直接跳到控制器中的方法，唯一与其他不一样的是/signin路由POST请求的处理，用的是passport.authenticate()方法。

执行passport.authenticate()方法时，将通过传入的第一个参数来确定使用哪种策略对用户的请求进行身份验证，这里使用的local则是使用本地策略。第二个参数是option对象，包括三个属性。

❑ successRedirect：告知Passport身份验证成功后跳转的地址。
❑ failureRedirect：告知Passport身份验证失败后跳转的地址。
❑ failureFlash：告知Passport是否使用flash消息。

最基本的身份验证就完成了，再进行几处小修改便可以对上述路径进行测试，修改app/controllers/index.server.controller.js文件如下：

```
exports.render = function(req, res) {
    res.render('index', {
        title: 'Hello World',
        userFullName: req.user ? req.user.fullName : ''
    });
};
```

这是将已经成功验证了身份的用户的全名传到首页模板里，另修改app/views/index.ejs文件如下：

```
<!DOCTYPE html>
<html>
    <head>
        <title><%= title %></title>
    </head>
    <body>
        <% if ( userFullName ) { %>
            <h2>Hello <%=userFullName%> </h2>
            <a href="/signout">Sign out</a>
        <% } else { %>
            <a href="/signup">Signup</a>
            <a href="/signin">Signin</a>
        <% } %>
```

```
  <br>
    <img src="img/logo.png" alt="Logo">
  </body>
</html>
```

现在便可以开始测试整个身份验证层了，使用命令行工具进入应用根目录，执行如下命令启动应用：

```
$ node server
```

使用浏览器访问http://localhost:3000/signin和http://localhost:3000/signup，试着注册、登录一下，再到站点首页观察用户信息是如何保存在会话中的。

## 6.3　理解 Passport 的 OAuth 策略

OAuth是一种身份验证协议，让用户可以使用第三方的账号来登录到你的Web应用中，整个过程用户并不需要在Web应用中输入用户名密码。OAuth主要用于社交平台，像Facebook、Twitter和Google，支持用户使用其账号来登录到其他网站上使用。

> 了解更多关于OAuth协议的信息，请参阅http://oauth.net/。

### 设置OAuth策略

Passport支持基础的OAuth策略，可以在其基础上实现任何基于OAuth的身份验证。不过，通过使用一些包装策略，Passport还支持几个主要的OAuth提供方所提供的用户身份验证，以免开发人员自己去实现这些复杂的机制。本节将对几个主要的OAuth提供方的Passport身份验证策略进行逐一介绍。

> 开始之前，你需要在OAuth提供方的网站上创建开发者应用。应用中将包含OAuth客户端ID以及OAuth客户端密码，以用于在执行身份验证时对应用进行校验。

### 1. 处理OAuth用户的创建

相对于本地策略的`signup()`方法，OAuth用户的创建略有不同。当用户使用第三方网站的账号资料注册时，用户资料便已经存在了，这意味着用户的验证将大不一样。为创建OAuth用户，编辑app/controllers/users.server.controller.js，添加如下的模块方法：

```
exports.saveOAuthUserProfile = function(req, profile, done) {
  User.findOne({
    provider: profile.provider,
    providerId: profile.providerId
  }, function(err, user) {
    if (err) {
      return done(err);
    } else {
    if (!user) {
      var possibleUsername = profile.username ||
        ((profile.email) ? profile.email.split('@')[0] : '');

      User.findUniqueUsername(possibleUsername, null,
        function(availableUsername) {
        profile.username = availableUsername;

        user = new User(profile);

        user.save(function(err) {
          if (err) {
            var message = _this.getErrorMessage(err);

            req.flash('error', message);
            return res.redirect('/signup');
          }

          return done(err, user);
        });
      });
    } else {
      return done(err, user);
    }
    }
  });
};
```

上述方法接受了用户资料，然后在用户集合中按传入用户信息中的`providerId`和`provider`属性对用户进行查找。如果找到相符的用户，那么就调用回调函数`done`，并回传MongoDB中对应的user文档。如果找不到，则使用User模型的`findUniqueUsername()`静态方法为用户创建用户名，并保存新用户实例。这一过程中如果出错，`saveOAuthUserProfile()`方法会使用`req.flash()`方法和`getErrorMessage()`方法来报告错误。没有出错则将用户对象传给回调方法`done()`。`saveOAuthUserProfile()`方法完成后，便可以去实现OAuth身份验证策略了。

### 2. Passport Facebook策略

Facebook应该是世界上最大的OAuth服务提供方了，很多时髦的Web应用都支持访客使用Facebook资料登录。Passport通过`passport-facebook`模块支持Facebook OAuth身份验证，简单几步便可以实现基于Facebook的OAuth身份验证。

(1) 安装

要把Passport Facebook模块安装到应用模块文件夹中，需要对package.json内容进行修改，如下所示：

```
{
  "name": "MEAN",
  "version": "0.0.6",
  "dependencies": {
    "express": "~4.8.8",
    "morgan": "~1.3.0",
    "compression": "~1.0.11",
    "body-parser": "~1.8.0",
    "method-override": "~2.2.0",
    "express-session": "~1.7.6",
    "ejs": "~1.0.0",
    "connect-flash": "~0.1.1",
    "mongoose": "~3.8.15",
    "passport": "~0.2.1",
    "passport-local": "~1.0.0",
    "passport-facebook": "~1.0.3"
  }
}
```

然后安装新增加的Facebook策略模块依赖，进入应用程序根目录，执行如下命令：

```
$ npm install
```

对应版本的Passport Facebook策略便会安装到应用根目录下的node_modules文件夹中。下一步则需要对其进行配置。

(2) 配置

开始配置之前，需要先到Facebook开发者网站http://developers.facebook.com/上创建一个Facebook新应用，并将应用域名设为localhost。配置完Facebook应用后，可获取Facebook应用ID和密码，用以完成用户在Facebook的鉴权，将这两个字符串保存到环境配置文件中。编辑config/env/development.js，内容如下：

```
module.exports = {
  db: 'mongodb://localhost/mean-book',
  sessionSecret: 'developmentSessionSecret',
  facebook: {
    clientID: 'Application Id',
    clientSecret: 'Application Secret',
    callbackURL: 'http://localhost:3000/oauth/facebook/callback'
  }
};
```

将在Facebook上新建的应用的ID和密码填入上面代码中的相应位置。callbackURL属性将会被传给Facebook OAuth服务，用作用户授权完成后的跳转地址。

进入config/strategies/文件夹，创建一个名为facebook.js的文件，并为其输入如下代码：

```
var Passport= require('passport'),
    url = require('url'),
    FacebookStrategy = require('passport-facebook').Strategy,
    config = require('../config'),
    users = require('../../app/controllers/users.server.controller');

module.exports = function() {
  passport.use(new FacebookStrategy({
    clientID: config.facebook.clientID,
    clientSecret: config.facebook.clientSecret,
    callbackURL: config.facebook.callbackURL,
    passReqToCallback: true
  },
  function(req, accessToken, refreshToken, profile, done) {
    var providerData = profile._json;
    providerData.accessToken = accessToken;
    providerData.refreshToken = refreshToken;

    var providerUserProfile = {
      firstName: profile.name.givenName,
      lastName: profile.name.familyName,
      fullName: profile.displayName,
      email: profile.emails[0].value,
      username: profile.username,
      provider: 'facebook',
      providerId: profile.id,
      providerData: providerData
    };

    users.saveOAuthUserProfile(req, providerUserProfile, done);
  }));
};
```

上述代码首先包含了**Passport**模块、**Facebook** Strategy对象、环境变量文件、**Mongoose** User 模型以及Users控制器。接着创建了FacebookStrategy的对象实例，并使用passport.use() 方法对策略进行注册。FacebookStrategy对象的构造函数需要两个参数，其中一个是Facebook 应用信息对象，另一个是准备进行用户验证时会被调用的回调函数。

该回调函数定义了五个参数，分别是HTTP请求对象、验证请求的accessToken对象、获取 新访问令牌的refreshToken对象、一个存有用户资料的profile对象以及一个用户授权完成后 调用的回调函数done。

在回调函数之内，先是用Facebook资料创建了一个新的用户对象，然后调用了前文创建的控 制器方法saveOAuthUserProfile()来执行用户的身份验证。

接下来需要对Passport配置文件进行修改，以加载刚刚创建的Facebook策略配置文件。编辑config/passport.js文件如下：

```
var Passport= require('passport'),
    mongoose = require('mongoose');

module.exports = function() {
  var User = mongoose.model('User');
  passport.serializeUser(function(user, done) {
    done(null, user.id);
  });

  passport.deserializeUser(function(id, done) {
    User.findOne({
      _id: id
    }, '-password -salt', function(err, user) {
      done(err, user);
    });
  });

  require('./strategies/local.js')();
  require('./strategies/facebook.js')();
};
```

这样便可加载Facebook策略配置文件。最后，为Facebook用户验证增加相应的路由，并将Facebook登录链接放到注册和登录页面上即可。

(3) 增加路由

直接使用passport.authenticate()方法便可以使用Passport的OAuth来进行用户身份验证。进入app/routes/users.server.routes.js文件，追加如下内容到文件的末尾：

```
app.get('/oauth/facebook', passport.authenticate('facebook', {
  failureRedirect: '/signin'
}));
app.get('/oauth/facebook/callback', passport.authenticate('facebook',
{
  failureRedirect: '/signin',
  successRedirect: '/'
}))
```

第一个路由将通过使用passport.authenticte()方法来启动用户身份验证流程，在成功获取到Facebook上的用户资料之后，第二个路由将同样通过使用passport.authenticte()方法结束这一验证流程。

通过Facebook进行身份验证的工作便完成了，最后在注册和登录页面增加Facebook登录的链接就可以了。在app/views/signup.ejs和app/views/signin.ejs文件中的</BODY>之前添加如下的HTML代码：

```
<a href="/oauth/facebook">Sign in with Facebook</a>
```

用户点击上面的链接，便可以通过Facebook账号对相应的应用进行登录。

### 3. Passport Twitter策略

Twitter也是一个主流的OAuth服务提供方，很多Web应用都支持用户使用Twitter账号登录。Passport通过`passport-twitter`模块来支持Twitter OAuth验证。下面来了解一下如何对这一策略进行实现。

(1) 安装

要在Passport Twitter策略模块目录中对该模块进行安装，编辑package.json文件如下：

```
{
  "name": "MEAN",
  "version": "0.0.6",
  "dependencies": {
    "express": "~4.8.8",
    "morgan": "~1.3.0",
    "compression": "~1.0.11",
    "body-parser": "~1.8.0",
    "method-override": "~2.2.0",
    "express-session": "~1.7.6",
    "ejs": "~1.0.0",
    "connect-flash": "~0.1.1",
    "mongoose": "~3.8.15",
    "passport": "~0.2.1",
    "passport-local": "~1.0.0",
    "passport-facebook": "~1.0.3",
    "passport-twitter": "~1.0.2"
  }
}
```

然后，在应用程序根目录中执行如下命令对Twitter策略的依赖进行安装：

```
$ npm install
```

相应版本的Passport Twitter策略便安装到node_modules文件夹中了。接下来需要对安装好的策略进行配置。

(2) 配置

在开始配置安装好的Twitter策略之前，需要先到Twitter开发者网站http://dev.twitter.com/上创建一个新的Twitter应用。创建完成后将会获得Twitter应用的ID和密码。与Facebook类似，这两串字符将被用于通过Twitter进行的用户身份验证，因此需要将它们存储在环境变量文件config/env/development.js中，如下：

```
module.exports = {
  db: 'mongodb://localhost/mean-book',
  sessionSecret: 'developmentSessionSecret',
```

```
facebook: {
  clientID: 'Application Id',
  clientSecret: 'Application Secret',
  callbackURL: 'http://localhost:3000/oauth/facebook/callback'
},
twitter: {
  clientID: 'Application Id',
  clientSecret: 'Application Secret',
  callbackURL: 'http://localhost:3000/oauth/twitter/callback'
}
};
```

将申请到的Twitter应用ID和密码放在相应的变量中，callbackURL会传给Twitter OAuth服务，当OAuth验证完成后，用户会被重新定向到该地址上来。

如前文所述，应用中的每个Passport策略应该分别存储在独立的文件中，以便更好地对代码结构进行组织。进入config/env/strategies目录，创建twitter.js文件并为其输入如下代码：

```
var Passport= require('passport'),
    url = require('url'),
    TwitterStrategy = require('passport-twitter').Strategy,
    config = require('../config'),
    users = require('../../app/controllers/users.server.controller');

module.exports = function() {
  passport.use(new TwitterStrategy({
    consumerKey: config.twitter.clientID,
    consumerSecret: config.twitter.clientSecret,
    callbackURL: config.twitter.callbackURL,
    passReqToCallback: true
  },
  function(req, token, tokenSecret, profile, done) {
    var providerData = profile._json;
    providerData.token = token;
    providerData.tokenSecret = tokenSecret;

    var providerUserProfile = {
      fullName: profile.displayName,
      username: profile.username,
      provider: 'twitter',
      providerId: profile.id,
      providerData: providerData
    };

    users.saveOAuthUserProfile(req, providerUserProfile, done);
  }));
};
```

上述代码首先是包含了Passport模块、Twitter Strategy对象、环境配置文件、Mongoose User模型以及Users控制器。然后使用passport.use()方法对策略进行注册，并创建了TwitterStrategy对象的实例。该对象的构造函数接收了两个参数，其中一个是Twitter应用信息，另一个是验证时所调用的回调函数。

该回调函数定义了五个参数，分别是HTTP请求对象、token对象、验证请求的tokenScrect对象、包含用户资料的profile对象以及验证完成后的回调函数done。

在回调函数中，创建了一个包含有Twitter用户信息的用户对象，还调用了前面所创建的控制器方法saveOAuthUserProfile()来执行用户的身份验证。

Twitter策略配置就完成了，接下来需要对Twitter配置文件进行修改，以加载刚刚创建的Twitter策略配置文件。编辑config/passport.js文件如下：

```
var Passport= require('passport'),
  mongoose = require('mongoose');

module.exports = function() {
  var User = mongoose.model('User');

  passport.serializeUser(function(user, done) {
    done(null, user.id);
  });

  passport.deserializeUser(function(id, done) {
    User.findOne({
      _id: id
    }, '-password -salt', function(err, user) {
      done(err, user);
    });
  });

  require('./strategies/local.js')();
  require('./strategies/facebook.js')();
  require('./strategies/twitter.js')();
};
```

这样便可加载Twitter策略配置文件。最后，为Twitter用户验证增加相应的路由，并将Twitter登录链接放到注册和登录页面上即可。

**(3) 增加路由**

在路由文件app/routes/users.server.routes.js末尾追加如下代码：

```
app.get('/oauth/twitter', passport.authenticate('twitter', {
  failureRedirect: '/signin'
}));

app.get('/oauth/twitter/callback', passport.authenticate('twitter', {
  failureRedirect: '/signin',
  successRedirect: '/'
}));
```

路由oauth/twitter使用passport.authenticate()方法启动验证流程，路由/oauth/twitter/callback在用户授权访问Twitter资料后使用passport.authenticate()完成验证过程。

基于Twitter的身份验证就完成了，最后一步是将Twitter登录的链接放到注册和登录页面上，编辑app/views/signup.ejs和app/views/signin.ejs，在</BODY>之前添加如下超级链接：

```
<a href="/oauth/twitter">Sign in with Twitter</a>
```

用户点击这个链接后便可以使用Twitter账号登录到应用中来。

### 4. Passport Google策略

最后来介绍一下如何实现Google OAuth登录，很多Web应用都提供了使用Google资料来登录的功能。Passport通过`passport-google-oauth`模块来实现对Google OAuth验证的支持。下面将逐步来对其进行实现。

(1) 安装

要在Passport Google策略模块目录中对该模块进行安装，编辑package.json文件如下：

```
{
  "name": "MEAN",
  "version": "0.0.6",
  "dependencies": {
    "express": "~4.8.8",
    "morgan": "~1.3.0",
    "compression": "~1.0.11",
    "body-parser": "~1.8.0",
    "method-override": "~2.2.0",
    "express-session": "~1.7.6",
    "ejs": "~1.0.0",
    "connect-flash": "~0.1.1",
    "mongoose": "~3.8.15",
    "passport": "~0.2.1",
    "passport-local": "~1.0.0",
    "passport-facebook": "~1.0.3",
    "passport-twitter": "~1.0.2",
    "passport-google-oauth": "~0.1.5"
  }
}
```

然后，在应用程序根目录中执行如下命令对Twitter策略的依赖进行安装：

```
$ node install
```

相应版本的Passport Google策略便安装到node_modules文件夹中了。接下来需要对安装好的策略进行配置。

(2) 配置

在开始配置之前，同Facebook和Twitter一样，需要先到Google开发者网站http://console.developers.google.com/ 上创建新的 Google 应用。新应用中设置 JAVASCRIPT ORIGINS 为

http://localhost:3000/，REDIRECT URIS为http://localhost:3000/oauth/google/callback，完成配置后会得到相应的ID和密码，需要将这两个字符串存储到环境配置文件中。修改config/env/development.js的内容如下：

```
module.exports = {
  db: 'mongodb://localhost/mean-book',
  sessionSecret: 'developmentSessionSecret',
  facebook: {
    clientID: 'Application Id',
    clientSecret: 'Application Secret',
    callbackURL:
      'http://localhost:3000/oauth/facebook/callback'
  },
  twitter: {
    clientID: 'Application Id',
    clientSecret: 'Application Secret',
    callbackURL: 'http://localhost:3000/oauth/twitter/callback'
  },
  google: {
    clientID: 'Application Id',
    clientSecret: 'Application Secret',
    callbackURL: 'http://localhost:3000/oauth/google/callback'
  }
};
```

将ID和密码替换到上述代码中的相应位置，callbackURL中的URL是用户完成Google OAuth授权后所跳转的地址。

为实现Passport Google策略，进入config/strategies文件夹，创建内容如下的google.js文件：

```
var Passport= require('passport'),
    url = require('url'),
    GoogleStrategy = require('passport-google-oauth').OAuth2Strategy,
    config = require('../config'),
    users = require('../../app/controllers/users.server.controller');

module.exports = function() {
  passport.use(new GoogleStrategy({
    clientID: config.google.clientID,
    clientSecret: config.google.clientSecret,
    callbackURL: config.google.callbackURL,
    passReqToCallback: true
  },
  function(req, accessToken, refreshToken, profile, done) {
    var providerData = profile._json;
    providerData.accessToken = accessToken;
    providerData.refreshToken = refreshToken;

    var providerUserProfile = {
      firstName: profile.name.givenName,
      lastName: profile.name.familyName,
      fullName: profile.displayName,
      email: profile.emails[0].value,
```

```
            username: profile.username,
            provider: 'google',
            providerId: profile.id,
            providerData: providerData
        };

        users.saveOAuthUserProfile(req, providerUserProfile, done);
    }));
};
```

上述代码首先包含了Passport模块、Google `Strategy`对象、环境配置文件、Mongoose `User`模型和`Users`控制器。然后使用`passport.use()`方法对策略进行注册，并创建了Google `Strategy`对象实例。该实例的构造函数接收了两个参数，其中一个是Google应用信息对象，另一个是在验证时所要调用的回调函数。

该回调函数需要接收五个参数，依次是HTTP请求对象、用于验证请求的`accessToken`对象、获取访问令牌的`refreshToken`对象、用户Google资料对象和一个用户在Google中完成授权后的回调函数`done`。

回调函数内部，使用用户的Google资料创建了一个新`user`对象，并调用了控制器的`saveOAuthUserProfile()`方法来执行用户的身份验证。

Passport Google策略配置完成后，需要在Passport的配置中加载新的策略文件，修改config/passport.js文件如下：

```
var Passport= require('passport'),
    mongoose = require('mongoose');

module.exports = function() {
  var User = mongoose.model('User');

  passport.serializeUser(function(user, done) {
    done(null, user.id);
  });

  passport.deserializeUser(function(id, done) {
    User.findOne({
      _id: id
    }, '-password -salt', function(err, user) {
      done(err, user);
    });
  });

  require('./strategies/local.js')();
  require('./strategies/facebook.js')();
  require('./strategies/twitter.js')();
  require('./strategies/google.js')();
};
```

Passport Google策略文件便加载好了。最后，为Google用户验证增加相应的路由，并将Google

登录链接放到注册和登录页面上即可。

(3) 添加路由

同样，还得添加两个路由，打开路由文件app/routes/users.server.routes.js，追加如下代码：

```
app.get('/oauth/google', passport.authenticate('google', {
  failureRedirect: '/signin',
  scope: [
    'https://www.googleapis.com/auth/userinfo.profile',
    'https://www.googleapis.com/auth/userinfo.email'
  ],
}));

app.get('/oauth/google/callback', passport.authenticate('google', {
  failureRedirect: '/signin',
  successRedirect: '/'
}));
```

路由/oauth/google使用passport.autnenticate()方法来启动身份验证流程，路由/oauth/google/callback也使用了passport.authenticate()方法，用于接收用户的Google资料，完成身份验证。

基于Google的身份验证功能就完成了，最后便是在登录和注册页面中添加使用Google登录的链接，编辑app/views/signup.ejs和app/views/signin.ejs文件，在</BODY>标签前添加如下的超级链接：

```
<a href="/oauth/google">Sign in with Google</a>
```

用户点击该链接后便可以使用Google账号登录到应用中来。要对新创建的验证策略进行测试，首先用命令行运行如下命令启动应用：

```
$ node server
```

然后访问http://localhost:3000/signin和http://localhost:3000/signup，并用该验证方法尝试进行登录以及退出。你还可以登录到主页中观察用户信息是如何存储到会话中的。

 Passport还支持一些其他的第三方OAuth登录。详情请参阅http://passportjs.org/guide/providers/。

## 6.4   总结

本章重点讨论了Passport模块的使用，包括多种登录策略的安装与配置。还学习了如何处理用户的注册，怎样对用户的请求进行身份验证，包括使用用户名和密码登录的本地策略，以及Passport支持的几种不同的OAuth登录。下一章将学习AngularJS。

# 第 7 章

# AngularJS入门

前面我们已经接触了MEAN中的三个部分，本章将介绍它的最后一个部分——AngularJS。2009年，开发人员Miško Hevery和Adam Abrons准备创建一个使用JSON来提供服务的平台，他们发现通用的JavaScript库根本无法满足这一需求。富Web应用的特性，使得只有使用结构化的框架，才可以减少冗余的工作并更好地对项目代码进行组织。在放弃最初的计划后，他们决定开发一个名为AngularJS的结构化框架，并将其开源。AngularJS连接了JavaScript和HTML，它的出现使单页应用开发迅速流行起来。本章中的主题主要包括：

- ❑ AngularJS的核心概念
- ❑ 了解前端依赖管理工具Bower
- ❑ AngularJS的配置与安装
- ❑ AngularJS应用的创建与组织
- ❑ 合理利用AngularJS的MVC架构
- ❑ 使用AngularJS服务实现Authentication服务

## 7.1 AngularJS 简介

AngularJS是运用MVC理论针对单页Web应用设计的JavaScript前端框架。AngularJS利用特殊的属性将HTML元素与JavaScript逻辑绑定起来，从而扩展HTML的功能。HTML经过AngularJS的扩展，便可以通过浏览器端模板和双向数据绑定来实现模型和视图间的数据无缝同步，从而简化DOM操作。此外，MVC和依赖的注入不仅改善了应用的代码结构，还提高了它的可测试性。AngularJS使用虽然简单，但如果想通过使用它进行大型应用开发，还是比较复杂的，为此，让我们先来了解一下AngularJS框架的核心概念。

## 7.2 AngularJS 的核心概念

AngularJS的双向数据绑定使得应用程序的起步变得简单起来，但在实际的应用开发中，事情依旧还是比较复杂的。因此在进行MEAN应用开发之前，最好先弄清楚AngularJS的几个核心概念。

## 7.2.1　核心模块

AngularJS核心模块包含了所有启动应用所必需的东西。它包含一些对象和实体，用以完成AngularJS应用的基本操作。

### angular全局对象

angular全局对象包含了一系列的方法，用以创建和加载Web应用。其中需要注意的是，angular对象包含一个精简版的jQuery——jqLite，可以用来执行一些基本的DOM操作。angular对象还包括一些静态方法，这些方法用于应用内基本实体的创建、操作和修改，还可以创建和检索模块。

## 7.2.2　模块

AngularJS的所有东西都使用模块来进行封装。无论我们是选择将整个应用封装成一个模块，抑或是划分为多个模块，AngularJS都至少需要一个模块才运行。

### 1. 应用程序模块

要启动AngularJS应用至少得有一个模块，一般称之为应用程序模块（application module）。AngularJS利用angular.module(name, [requires], [configFn])方法来创建和检索模块，该方法包含如下三个参数。

- ❑ name：字符串，定义模块名。
- ❑ requires：字符串数组，定义本模块所依赖的其他模块。
- ❑ configFn：函数，会在模块注册时执行。

当省略掉requires和configFn参数后，AngularJS将在所有模块中对以指定name为名的模块进行查找，如果找不到则抛出错误。全参数调用angular.module()，AngularJS则会创建出一个新的模块。本章后面的内容，将使用它来创建应用程序模块。

### 2. 扩展模块

AngularJS开发团队已经决定在后续的开发中，将AngularJS的功能拆分为扩展模块。扩展模块也是由核心框架的开发团队所开发，但不会包含在核心框架中，我们可针对功能需求来对它们分别进行安装。在后面讨论应用路由的小节中，我们将通过举例来讨论该如何使用扩展模块。

### 3. 第三方模块

除对扩展模块的支持外，AngularJS团队还鼓励各种外部开发团队通过创建第三方模块为开发人员提供更好的开发起点。在后面的内容中，我们将会讲述如何通过使用第三方模块来提升开发速度。

### 7.2.3　双向数据绑定

双向数据绑定机制是AngularJS最重要的特性之一。这一特性使得AngularJS应用中模型的数据能够同步到相应的视图上，相反，视图上的数据变化亦可以同步到模型。这意味着视图填充的结果即为模型的投影。为了帮助我们理解，AngularJS团队绘出了下面这张图。

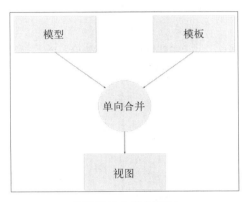

传统的单向数据绑定

通过上图可以发现，大多数的模板系统都是单向与模型进行绑定。一旦模型的数据变化了，开发人员便要对视图作出相应的修改。比如EJS模板引擎，它便是单向地将应用数据与EJS模板绑定进而生成HTML页面。而AngularJS的模板却不是这样，再来看看下面这张图。

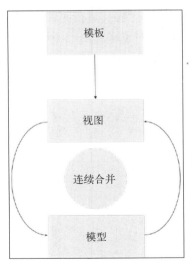

AngularJS双向数据绑定

AngularJS通过使用浏览器来编译HTML模板，模板里的特殊指令和绑定命令使得视图保持实时更新。视图上发生的任何事件，都会自动更新到模型中，当然，模型中一旦发生了修改，便会立即在视图中反映出来。就是说，在整个应用中，模型是唯一的数据来源。这对整个开发过程来讲，效率获得了实质性的提升。本章后面会讲到控制器和视图如何通过AngularJS scope与应用模型进行交互。

## 7.2.4   依赖注入

Martin Fowler普及了依赖注入（dependency injection）这一软件开发模式，它背后主要的原理是软件开发架构中的控制反转（inversion of control）。为了帮助理解，我们来看看下面这个Notifier的例子：

```
var Notifier = function() {
  this.userService = new UserService();
};

Notifier.prototype.notify = function() {
  var user = this.userService.getUser();

  if (user.role === 'admin') {
    alert('You are an admin!');
  } else {
    alert('Hello user!');
  }
};
```

Notifier类创建了userService这个实例，当调用notify()方法时，它会根据用户的不同给出不同的消息提示。如果要对Notifier类进行测试，我们可以创建一个Notifier实例，但却不能通过传入一个假的userSevice对象来对notify()方法的不同输出进行测试。依赖注入就是为了化解这一问题，其解决方案在于，把创建userService对象的责任转交给创建Notifier实例的代码，可能是另一个对象，也可能是一个测试。这个代码通常称作注入器（injector）。上例的依赖注入版如下：

```
var Notifier = function(userService) {
  this.userService = userService;
};
Notifier.prototype.notify = function() {
  var user = this.userService.getUser();

  if (user.role === 'admin') {
    alert('You are an admin!');
  } else {
    alert('Hello user!');
  }
};
```

从现在起，创建Notifier类的实例时，将由注入器来负责往构造函数里注入userService对象。这使得我们可以在构造函数之外对Notifier实例进行修改。这种设计方法就是控制反转。

**AngularJS中的依赖注入**

通过上文的介绍，你应该对依赖注入有了一定的了解。让我们来看看AngularJS是如何实现依赖注入的。使用模块的 `controller()` 方法可以创建AngularJS的控制器，代码如下：

```
angular.module('someModule').controller('SomeController',
function($scope) {
  ...
});
```

`controller()` 方法接收两个参数，控制器名和控制器的构造函数。控制器的构造函数被注入了名为 `$scope` 的AngularJS对象。`injector` 对象通过函数的参数名来确定所要注入的对象。为了部署生产环境，开发人员往往会使用压缩服务来混淆和压缩JavaScript文件，如此，上面的代码就会被压缩为：

```
angular.module('someModule').controller('SomeController', function(a)
{ ... });
```

这样一来，AngularJS注入器就根本不知道该注入哪个对象了，为此，AngularJS提供了另外一种语法来标示依赖，即用标示过的依赖数组来取代这种将函数作为第二个参数传入的方法，以防因为代码混淆而导致注入器弄混了哪个依赖是控制器的构造函数所真正需要的。

使用标示过的依赖数组来组织的代码如下：

```
angular.module('someModule').controller('SomeController', ['$scope',
function($scope) {

}]);
```

这样，不管代码怎样混淆，依赖列表总是完整的，控制器的功能便不会再受到影响。

这里我们只是以 `controller()` 方法为例来解释依赖注入原理，但该原理也同样适用于AngularJS的其他实体。

## 7.2.5　AngularJS 指令

前面我们曾经提到，AngularJS并不是要取代HTML，而只是对其进行扩展。而扩展则是借助指令（directive）这一机制进行的。AngularJS的指令就是标签，通常都是属性或者元素名称，AngularJS的编译器依此来为DOM元素和它的下级元素附加一些特殊行为。简单来说，指令是AngularJS与DOM元素之间交互的方法，同时它还支撑着AngularJS应用中的基本操作。该特性更吸引人的一点在于，它还支持自定义指令。

### 1. 核心指令

AngularJS本身预定义了很多必要的指令，这些指令构成了AngularJS应用的基本功能。指令一般会作为元素的属性或名称。本节将介绍几个最主要的核心指令，本书中的例子也会用到很多其他的AngularJS指令。

最基本的指令当属ng-app，它一般被置于AngularJS的应用根元素的DOM元素（通常是body或者html标签）之上。比如将其应用在body标签上：

```
<body ng-app></body>
```

后面还会详细介绍 ng-app，在这里我们先看另外几个AngularJS自带的常用核心指令。

- ❑ ng-controller：用于告知编译器当前的元素视图所用的是哪一个控制器类。
- ❑ ng-model：一般置于用于输入数据的元素之上，将输入与模型的属性进行绑定。
- ❑ ng-show/ng-hide：根据布尔表达式来决定元素是显示还是隐藏。
- ❑ ng-repeat：遍历一个集合，为集合中的每一个项目都复制一个元素与之对应。

我们将逐一讨论上述指令的用法，但要注意的是，这只是众多AngularJS核心指令中的一小部分。接下来会讨论更多关于指令的用法，但你同样可以通过访问AngularJS的官网文档来了解这些指令，地址是http://docs.angularjs.org/api/。

### 2. 自定义指令

本书将不在自定义指令上着墨，但要明确的是，AngularJS是支持编写自定义指令的，它可以帮你减少冗余的前端代码，从而保持应用的整洁和可读性，还可以帮你更好地对应用进行测试。

 　　第三方开发者提供了很多补充性的开源指令，这些指令可以大大加速开发流程。

## 7.2.6　AngularJS 应用的引导

AngularJS应用的引导包括两方面内容，一是告诉Angular哪个DOM元素是应用的根元素，二是何时对应用进行初始化。该应用引导既可以在所有的页面资源加载完成后自动开始，也可以手工添加相应的JavaScript代码来完成。手工引导的好处在于可以更好地控制引导流程，确保某些逻辑能够在AngularJS应用启动之前执行。在某些简单的场景中自动引导是非常行之有效的。

### 1. 自动引导

使用ng-app指令可以自动引导AngularJS应用。一旦应用的JavaScript文件加载完成，AngularJS会查找标有ng-app的DOM元素，并为每个元素分别引导应用。ng-app指令作为属性，其值可以为空。`ng-app`也可以是应用模块的名字。需注意的一点是，这里所有的应用模块必须由`angular.module()`方法来创建，否则便会抛出错误，导致引导失败。

### 2. 手动引导

要手动引导应用，可以使用`angular.bootstrap(element, [modules], [config])`方法。该方法包含了以下参数。

- ❑ `element`：所要引导的应用的DOM元素
- ❑ `modules`：所有想附给应用的模块名数组
- ❑ `config`：应用的配置选项对象

通常在使用jqLite的文档加载事件完成之后来调用这一方法即可。

在快速了解了AngularJS的核心概念之后，我们便可以来实现MEAN应用中的AngularJS部分了。本章的示例基于前面的示例，在第6章的最终示例程序上进行修改即可。

## 7.3 安装 AngularJS

作为一个前端框架，AngularJS的安装就是将它的JavaScript文件包含进主页中。这里的安装方法有很多种，其中比较简单的一种方法是将该JavaScript文件下载并放到public文件夹中。另外一种是使用Angular的CDN，直接从CDN服务器上加载该JavaScript文件。这两种方法简单而又容易理解，但都存在一个致命的问题。加载一个第三方JavaScript文件虽然简便直观，但若要在项目中使用大量第三方提供的库将非常麻烦。更重要的是，如何管理这些依赖库的版本？Node.js的生态系统中使用npm来解决这个问题，前端的依赖管理也有一个类似的工具——Bower。

### 7.3.1 Bower 包管理器

Bower是一个包管理器，专门用来下载和管理前端第三方库。作为一个Node.js的模块，Bower可以通过npm命令来进行安装。由于是作为本地命令来用，因此最好对它进行全局安装，命令如下：

```
$ npm install -g bower
```

 有的系统中的普通用户可能没有权限进行全局安装。遇到这种情况时，请使用超级用户或者sudo来进行安装。

安装完成后，让我们来学习如何使用Bower。与npm一样，Bower通过JSON文件来确定所要安装的包和版本。在应用的根目录中创建一个bower.json文件，并为其输入如下内容：

```
{
    name: MEAN,
    version: 0.0.7,
    dependencies: { }
}
```

　　bower.json的结构与package.json的结构基本一致。上述代码定义了项目的元数据，并指定了使用dependencies属性来存储需要用到的前端库。后续内容中我们会对该字段进行填充。但在那之前我们还是看看Bower的配置吧。

　　　　要使用Bower，必须安装Git。首先在http://git-scm.com/上下载Git安装包，然后将其安装到你的系统即可。如果你使用的是Windows系统，注意要在命令行中激活Git，或者通过使用Git命令行工具来执行所有Bower相关命令。

### 7.3.2　配置 Bower

　　Bower在依赖包的安装中，将会下载安装包，然后将其放到包存储目录下——默认为应用根目录下的bower_components文件夹。但实际上前端包应该是要作为静态文件提供服务的，而MEAN应用唯一的静态文件服务目录是public文件夹，因此，我们需要对Bower的默认安装路径进行修改。通过.bowerrc文件，即可对Bower的安装过程进行配置。

　　要修改Bower的默认安装位置，在应用的根目录中创建一个.bowerrc文件，并为其输入以下代码：

```
{
    directory: public/lib
}
```

　　经此设置，Bower便会将第三方包安装到public/lib文件夹中。

　　　　了解更多Bower功能，请参阅http://bower.io中的官方文档。

### 7.3.3　使用 Bower 安装 AngularJS

　　Bower安装和配置完成后，便可以开始安装AngularJS框架了。编辑bower.json文件如下：

```
{
    name: MEAN,
    version: 0.0.7,
```

```
  dependencies: {
    angular: ~1.2
  }
}
```

上述代码将使Bower安装AngularJS 1.2.x的最新版。使用命令行工具进入应用根目录，执行如下命令来使用Bower安装AngularJS：

```
$ bower install
```

这样便可获取AngularJS包文件，并将其存储到public/lib/angular文件夹中。AngularJS的安装便完成了，下一步需要将它加入项目主应用页面内。由于AngularJS是一个单页应用框架，因此所有的应用逻辑都存放在单个Express应用页面内。

### 7.3.4 配置 AngularJS

要使用AngularJS，需要先在EJS主视图文件中包含框架的JavaScript文件。这里，我们需要在app/views/index.ejs文件中包含框架的JavaScript文件。编辑app/views/index.ejs文件如下：

```html
<!DOCTYPE html>
<html xmlns:ng="http://angularjs.org">
<head>
  <title><%= title %></title>
</head>
<body>
  <% if (userFullName) { %>
    <h2>Hello <%=userFullName%> </h2>
    <a href="/signout">Sign out</a>
  <% } else { %>
    <a href="/signup">Signup</a>
    <a href="/signin">Signin</a>
  <% } %>

  <script type="text/javascript" src="/lib/angular/angular.js"></script>
</body>
</html>
```

这样就在应用主页面中包含了AngularJS。接下来，让我们来看看如何组织AngularJS应用的结构。

## 7.4 AngularJS 应用的结构

你应该还记得第3章中关于应用结构的讨论，其中，应用结构取决于应用的复杂程度，在该章中我们也声明本书的示例程序采用的是水平方法来组织整个MEAN应用。正如上文所讲，MEAN应用可以用多种方式来组织。AngularJS应用的结构是AngularJS开发团队和社区讨论的一个话题。基于不同的目的，存在的说法有很多，既有简单的也有复杂的。本节中，我们会介绍一个应用结构作为推荐。AngularJS 是前端框架，所以 AngularJS 应用的根目录就是 Express 应用的 public 目录，所有文件都是以静态文件的方式提供服务的。

　　AngularJS 开发团队针对应用的复杂程度提供了不同的应用结构。对于简单的应用来讲，使用水平结构即可。水平结构中，所有的实体都根据其类型由不同的模块或者文件夹进行组织管理，主应用文件则放在 AngularJS 应用的根目录中。下图便是一个按这种方法组织的应用结构。

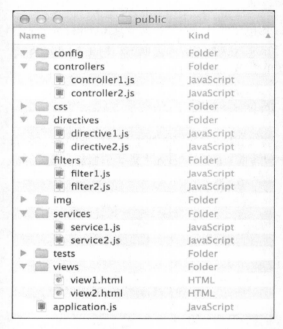

水平结构的 AngularJS 应用

　　正如上图所示，对简单的项目来讲，由于应用内的实体较少，水平结构是不错的选择。但对于功能繁多实体庞杂的复杂应用来讲，水平结构忽略程序文件行为的做法就可能无法处理，导致每个文件夹中的文件过多，难以维护。为此，AngularJS 团队提供了垂直结构方法来组织项目文件。垂直结构根据文件的功能相关性进行组织，按照功能或者部类（section）将不同的文件组织在一起——这其实与第 3 章中的垂直方法一脉相承，唯一不同的是，AngularJS 每个部类和逻辑单元，都有一套独立的模块化构成，分别存储在位于 AngularJS 应用的模块文件夹中。

　　下图便是一个典型的垂直结构的 AngularJS 应用。

垂直结构的AngularJS应用

　　如上图所示，每个模块都用各自的子文件夹对不同类型的实体进行组织，这样便可实现对不同部类的封装。不过这一结构同样存在一个附带问题。在开发时你会发现，AngularJS应用下同一个部类中有很多功能不同但文件名相同的文件。这个问题相当普遍，它会导致集成开发环境或者文件编辑器的使用变得很不方便。为应对这一问题，我们在第3章中用到了一个比较好的办法，那就是对文件命名进行约定，下图的组织和命名方式就要清晰得多。

　　适当的对文件进行命名，然后将其放入合适的文件夹中。这样便可以有效帮助我们对代码进行组织。以上便是AngularJS应用命名和组织的最佳实践，接下来让我们开始构建AngularJS示例应用。

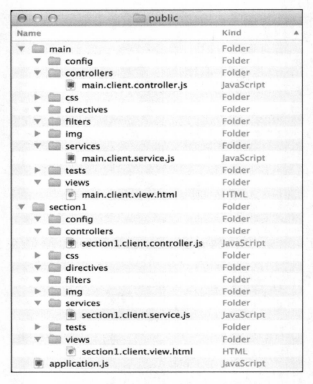

垂直结构的AngularJS应用的文件命名约定

## 7.5  引导 AngularJS 应用

我们将使用手工引导机制来引导示例AngularJS应用。这样可以更好地控制应用的初始化流程。首先，删除示例应用public目录下除lib外的所有文件，然后在其内创建application.js文件，并为其输入以下代码：

```
var mainApplicationModuleName = 'mean';

var mainApplicationModule = angular.module(mainApplicationModuleName, []);

angular.element(document).ready(function() {
  angular.bootstrap(document, [mainApplicationModuleName]);
});
```

上述代码先是创建了一个存有应用主模块名的变量，该变量将会在使用angular.module()方法创建应用主模块时用到。接着通过运用angular对象jqLite的功能对文档加载完成事件进行了绑定。该功能通过执行angular.bootstrap()方法来使用刚刚创建的应用主模块对新创建的的AngularJS应用进行初始化。

然后到index.ejs视图文件中包含上面的JavaScript文件。为验证AngularJS应用是否正常运行，我们可以通过一个AngularJS代码示例对其进行测试。修改app/views/index.ejs文件如下：

```
<!DOCTYPE html>
<html xmlns:ng="http://angularjs.org">
<head>
  <title><%= title %></title>
</head>
<body>
  <% if (userFullName) { %>
    <h2>Hello <%=userFullName%> </h2>
    <a href="/signout">Sign out</a>
  <% } else { %>
    <a href="/signup">Signup</a>
    <a href="/signin">Signin</a>
  <% } %>

  <section>
    <input type="text" id="text1" ng-model="name">
    <input type="text" id="text2" ng-model="name">
  </section>

  <script type="text/javascript" src="/lib/angular/angular.js"></script>

  <script type="text/javascript" src="/application.js"></script>
</body>
</html>
```

上述代码引用了新应用的JavaScript文件，还添加了两个文本框，并在文本框上使用了ng-model指令，用以演示AngularJS的数据绑定。AngularJS测试应用就完成了。使用命令行工具进入整个MEAN应用的根目录，使用如下命令启动应用：

**$ node server**

应用启动后，使用浏览器访问http://localhost:3000/，便可以看到页面上有两个紧挨着的文本框。你可以试着在任一文本框里输入文字，会发现另一文本框出现相同的内容，这便是AngularJS的双向数据绑定。下一节将讨论如何使用AngularJS的MVC实体。

## 7.6 AngularJS 的 MVC 实体

AngularJS是一个自成一体的框架，它支持通过使用MVC设计模式来创建功能强大而又便于维护的Web应用。本节将讨论控制器、视图，以及使用scope对象实现的数据模型。首先，让我们来按MVC模式创建一个模块。在public文件夹中创建一个模块文件夹，命名为example。进入example，创建controller和views两个子文件夹，example模块的文件夹结构就创建完成了。接着在public/example中创建example.client.module.js文件，用这个文件来存储使用angular.module()方法创建的新AngularJS模块。在新建的example.client.module.js文件中输入如下代码：

```
angular.module('example', []);
```

一个AngularJS模块就创建完成了。但还需要在应用页面中包含新模块文件，并在应用主模块中增加对新模块的依赖。下面我们先删除前面添加的两个文本框，然后增加一个新的SCRIPT标签来加载example模块文件。编辑app/view/index.ejs如下：

```
<!DOCTYPE html>
<html xmlns:ng="http://angularjs.org">
<head>
  <title><%= title %></title>
</head>
<body>
  <% if (userFullName) { %>
    <h2>Hello <%=userFullName%> </h2>
    <a href="/signout">Sign out</a>
  <% } else { %>
    <a href="/signup">Signup</a>
    <a href="/signin">Signin</a>
  <% } %>

  <script type="text/javascript" src="/lib/angular/angular.js"></script>

  <script type="text/javascript" src="/example/example.client.module.js"></script>

  <script type="text/javascript" src="/application.js"></script>
</body>
</html>
```

编辑public/application.js文件，在应用主模块中增加对example模块的依赖，代码如下：

```
var mainApplicationModuleName = 'mean';

var mainApplicationModule = angular.module(mainApplicationModuleName,
['example']);

angular.element(document).ready(function() {
  angular.bootstrap(document, [mainApplicationModuleName]);
});
```

修改完成后，可以重新运行MEAN应用，用浏览器访问看是否存在什么JavaScript错误。由于我们还没有为新建的example模块添加任何内容，所以应用没有任何变化，但新定义的模块已经在正常运行了。接着让我们看看AngularJS视图。

## 7.6.1    视图

HTML模板经AngularJS编译器的DOM操作之后，便是AngularJS的视图。要创建视图，可在public/example/views文件夹中创建一个exampleclient.view.html文件，并为其输入如下代码：

```
<section>
  <input type=text id=text1 ng-model=name>
  <input type=text id=text2 ng-model=name>
</section>
```

要以视图的方式使用上面的HTML模板，则可修改app/views/index.ejs，代码如下：

```
<!DOCTYPE html>
<html xmlns:ng="http://angularjs.org">
<head>
  <title><%= title %></title>
</head>
<body>
  <% if (userFullName) { %>
    <h2>Hello <%=userFullName%> </h2>
    <a href="/signout">Sign out</a>
  <% } else { %>
    <a href="/signup">Signup</a>
    <a href="/signin">Signin</a>
  <% } %>

  <section ng-include="'example/views/example.client.view.html'"></section>

  <script type="text/javascript" src="/lib/angular/angular.js"></script>

  <script type="text/javascript" src="/example/example.client.module.js"></script>

  <script type="text/javascript" src="/application.js"></script>
</body>
</html>
```

上述代码通过ng-include指令，便可通过指定的路径对模板进行加载。编译器会将视图的填充结果替换到指令所在的DOM元素中。使用命令行工具进入MEAN应用的根目录，执行如下命令运行应用：

```
$ node server
```

应用运行起来后，使用浏览器进入http://localhost:3000/，便可以看到与我们之前删除的两个文本框类似的布局，它们的功能也相同，但它们是通过视图来实现的。视图是个相当不错的功能，如果能配合控制器，它将发挥更大的作用。

## 7.6.2  控制器和 scope

控制器大多是构造函数，AngularJS用它来实例化出新的控制器对象。这样做的目的是为了增加数据模型引用对象——scope。AngularJS团队将scope设计为视图和控制器之间的粘合剂，通过scope对象，控制器对模型的修改便可快速反应到视图上，反之亦然，控制器对视图的修改也可以反应到模型上。

使用ng-controller指令便可创建控制器实例。AngularJS编译器从指令中获取控制器名，通过依赖注入传入scope对象，初始化出新的控制器实例。然后控制器便可对scope对象进行初始化及功能扩展了。

由于DOM中的元素都是树状组织的，scope也模仿了这一结构。这表明所有的scope都有父级scope——没有父级scope的只有一个，即根scope（root scope）。这一点非常重要，因为除了能够访问自有模型之外，scope还继承了其父级scope的模型。因此在当前的scope找不到某一个指定的属性时，Angular便会查找其父级scope，不断往上遍历，直到找到或者到达根scope。

为了更好地理解，让我们用控制器为视图创建一个简单的模型。进入public/example/controllers文件夹，创建一个名为example.client.controller.js的文件，并为其输入如下代码：

```
angular.module('example').controller('ExampleController', ['$scope',
  function($scope) {
    $scope.name = 'MEAN Application';
  }
]);
```

上述代码中，我们首先向angular.module()方法传入一个字符串参数example。根据上文对该方法的介绍可知，这是为查找名为example的模块。接着使用模块的controller()方法创建了一个名为ExampleController的构造函数，函数内使用依赖注入的方法注入了$scope对象。最后，为$scope对象定义了名为name的属性，这一属性在后面的视图中将会用到。为使用该新建的控制器，需要首先在应用主页面中包含控制器的JavaScript文件，并在视图中使用ng-controller指令来指明使用它。先修改应用主页面的模板文件app/views/index.ejs，代码如下：

```
<!DOCTYPE html>
<html xmlns:ng="http://angularjs.org">
<head>
  <title><%= title %></title>
</head>
<body>
  <% if (userFullName) { %>
    <h2>Hello <%=userFullName%> </h2>
    <a href="/signout">Sign out</a>
  <% } else { %>
    <a href="/signup">Signup</a>
    <a href="/signin">Signin</a>
  <% } %>

  <section ng-include="'example/views/example.client.view.html'"></section>

  <script type="text/javascript" src="/lib/angular/angular.js"></script>

  <script type="text/javascript" src="/example/example.client.module.js"></script>
  <script type="text/javascript" src="/example/controllers/example.client.
controller.js"></script>
```

```
    <script type="text/javascript" src="/application.js"></script>
</body>
</html>
```

修改视图文件public/example/views/example.client.view.html，如下所示：

```
<section ng-controller=ExampleController>
    <input type=text id=text1 ng-model=name>
    <input type=text id=text2 ng-model=name>
</section>
```

修改完成。对新控制器进行测试，首先使用命令行工具进入MEAN应用的主目录，执行如下命令运行应用：

```
$ node server
```

应用运行起来后，使用浏览器访问http://localhost:3000/，两个文本框将再次出现。不过这两个文本框不再为空，而是包含着代码中指定的初始值"MEAN Application"。

虽然通过使用控制器、视图和scope，我们便可以成功地对应用进行创建，不过AngularJS为我们提供的远不止于此。下一节，我们将使用ngRoute来替换ng-include，讨论如何使用路由来管理应用。

## 7.7 AngularJS 路由

如果AngularJS不提供路由功能的话，要遵循MVC架构进行开发将难以实现。上文的代码中，你可能发现ng-include提供了类似于路由的功能，但若要用它来管理多个视图，可能会引起一些混乱。为此，AngularJS团队开发了可以定义不同URL路径及对应模板的模块——ngRoute，有了它，就可以根据用户请求的路径来实现不同的页面填充。

AngularJS是一个单页应用框架，因此ngRoute是在浏览器之内对路由进行管理。这意味着AngularJS的路由并不是从服务器获取相应的Web页面，而是加载相应的模板对其进行编译，并将得到的结果放入特定的DOM元素之中。服务器只是将模板以静态文件的形式发给浏览器，而且不会响应ngRoute控制下的URL路径变化。如此一来，Express便成为了专门提供API服务的后端。下面，我们先从ngRoute的安装开始。

　　　　ngRoute支持两种URL模式，一种是用来兼容老版本浏览器的传统模式，即在URL尾部#之后的兼容路由模式，另一种是支持浏览器历史记录API的HTML5路由模式，很多版本较新的浏览器都支持后者。本书中为支持更多版本的浏览器，使用前者。

## 7.7.1　安装 **ngRoute** 模块

ngRoute的安装很简单，打开bower.json文件，并对其进行如下修改：

```
{
  name: MEAN,
  version: 0.0.7,
  dependencies: {
    angular: ~1.2,
    angular-route: ~1.2
  }
}
```

然后在MEAN应用的根目录中运行如下的命令即可安装ngRoute：

```
$ bower update
```

安装完成后，便可以在public/lib下看到名为angular-route的新文件夹。接着要在应用主页面中包含新的模块文件，修改app/views/index.ejs如下：

```html
<!DOCTYPE html>
<html xmlns:ng="http://angularjs.org">
<head>
  <title><%= title %></title>
</head>
<body>
  <% if (userFullName) { %>
    <h2>Hello <%=userFullName%> </h2>
    <a href="/signout">Sign out</a>
  <% } else { %>
    <a href="/signup">Signup</a>
    <a href="/signin">Signin</a>
  <% } %>

  <section ng-include="'example/views/example.client.view.html'"></section>

  <script type="text/javascript" src="/lib/angular/angular.js"></script>
  <script type="text/javascript" src="/lib/angular-route/angular-route.js">
</script>

  <script type="text/javascript" src="/example/example.client.module.js"></script>
  <script type="text/javascript" src="/example/controllers/example.client.
controller.js"></script>

  <script type="text/javascript" src="/application.js"></script>
</body>
</html>
```

然后再到应用主模块中添加ngRoute模块的依赖，修改public/application.js文件如下：

```javascript
var mainApplicationModuleName = 'mean';

var mainApplicationModule = angular.module(mainApplicationModuleName,
```

```
  ['ngRoute', 'example']);

angular.element(document).ready(function() {
  angular.bootstrap(document, [mainApplicationModuleName]);
});
```

完成上述修改，ngRoute模块即安装成功，接下来便可对其进行配置使用了。

## 7.7.2 配置 URL 模式

默认情况下，ngRoute使用URL中#之后的部分来进行路由。URL中#之后部分一般都用于页内导航，因此当这部分发生变化时，浏览器不会向服务器发送请求。这一特性使得AngularJS的路由模式可以支持很多版本较旧的浏览器。AngularJS路由通常都类似于http://localhost:3000/#/example。

不过，单页应用还有个致命的缺陷。搜索引擎爬虫无法对单页应用进行索引，非常不利于搜索引擎优化（SEO）。为此，主流的搜索引擎提供了一个办法，让开发人员可以为单页应用做标记。搜索引擎爬虫在抓取被标记的页面时，会等到所有的AJAX操作执行完成，填充好各路径的结果再离开。使用Hashbangs便可以对单页应用的路由进行标记，只需要在#之后增加一个!即可，URL类似于http://localhost:3000/#!/example。

幸运的是，AngularJS提供了对Hashbangs的支持，通过一个简单的路由模块配置和$locationProvider服务即可实现。在我们的示例应用中，可以通过修改public/application.js文件来完成，文件修改如下：

```
var mainApplicationModuleName = 'mean';

var mainApplicationModule = angular.module(mainApplicationModuleName, ['ngRoute',
'example']);

mainApplicationModule.config(['$locationProvider',
  function($locationProvider) {
    $locationProvider.hashPrefix('!');
  }
]);

angular.element(document).ready(function() {
  angular.bootstrap(document, [mainApplicationModuleName]);
});
```

应用的URL模式配置便完成了，下面让我们用ngRoute来配置第一个路由吧。

## 7.7.3 AngularJS 应用路由

ngRoute封装了几个主要实体来提供对路由的管理。先来看看$routeProvider对象，它提供了多个用于定义路由行为的方法。我们可以在创建模块配置块时，利用依赖注入传入 routeProvider 对象，然后用它来定义路由。在 public/example 文件夹中创建 config 目录，然后在新建目录中创建文件 public/example/config/example.client.routes.js，并为其输入如下内容：

```
angular.module('example').config(['$routeProvider',
  function($routeProvider) {
    $routeProvider.
    when('/', {
      templateUrl: 'example/views/example.client.view.html'
    }).
    otherwise({
      redirectTo: '/'
    });
  }
]);
```

上述代码中，我们通过 angular.module() 方法取得了 example 模块，再执行模块的 config() 方法创建新的配置块，然后注入 $routeProvider 对象，再用 $routeProvider.when() 方法创建新路由。该方法的第一个参数即路由的 URL，第二个参数对象是可选项，可用来定义模块的 URL。当用户进入一个没有定义的路径时，便执行 $routeProvider.otherwise() 方法中的定义。这里我们直接把用户指向了上面定义的路由，即 / 路由。

ngRoute 模块中另一个重要内容是 ng-view 指令。该指令用于告诉 AngularJS 将路由中的视图填充到哪一个 DOM 元素。当用户进入特定的 URL，AngularJS 便会将视图填充的结果替换到 ng-view 指令标记的 DOM 元素中。下面我们在示例程序上实现一下。首先在应用主页面内包含新建的路由配置文件，并添加一个使用 ng-view 指令的元素，修改 app/views/index.ejs 文件，代码如下：

```
<!DOCTYPE html>
<html xmlns:ng="http://angularjs.org">
<head>
  <title><%= title %></title>
</head>
<body>
  <% if (userFullName) { %>
    <h2>Hello <%=userFullName%> </h2>
    <a href="/signout">Sign out</a>
  <% } else { %>
    <a href="/signup">Signup</a>
    <a href="/signin">Signin</a>
  <% } %>

  <section ng-view></section>

  <script type="text/javascript" src="/lib/angular/angular.js"></ script>
  <script type="text/javascript" src="/lib/angular-route/angularroute.js"></script>

  <script type="text/javascript" src="/example/example.client.module.js"></script>
```

```
    <script type="text/javascript" src="/example/controllers/example.client.
controller.js"></script>

    <script type="text/javascript" src="/example/config/example.client.
routes.js">  </script>

    <script type="text/javascript" src="/application.js"></script>
</body>
</html>
```

一个简单的路由就配置完成了。对上述配置进行测试，首先使用命令行工具进入MEAN应用的根目录，运行如下命令启动应用：

```
$ node server
```

启动完成后，使用浏览器访问 http://localhsot:3000/，你会发现页面将自动跳转到 http://localhost:3000/#!/，这是AngularJS的路由模块完成的。这就意味着路由配置已经生效，页面的内容还是两个文本框。

 了解更多关于ngRoute模块的信息，可以查阅http://docs.angularjs.org/api/ngRoute上的官方文档。

## 7.8　AngularJS 服务

AngularJS的服务都是独立的实体，用于AngularJS应用之内，以实现不同实体间的数据共享。比如用于从服务器获取数据，共享缓存数据，或者向AngularJS组件中注入全局对象，等等。每个服务是作为一个实例而存在的，因此可以在AngularJS应用内任何两个没有关联的实体之间实现双向数据绑定。服务有两类，一是AngularJS预置的，另一类是自定义的。

### 7.8.1　预置服务

AngularJS对一些常用的功能进行了抽象，封装成多种服务，主要有以下几种。

❏ `$http`：用于处理AJAX请求
❏ `$resource`：用于处理REST风格的API
❏ `$location`：用于进行URL操作
❏ `$q`：用于处理promise操作
❏ `$rootScope`：用于返回根scope对象
❏ `$window`：用于返回浏览器的window对象

AngularJS团队还在不停维护着其他大量的扩展模块。不过AngularJS还有一个关于服务的特色功能，那便是自定义服务。

访问http://docs.angularjs.org/api/，可以详细了解AngularJS集成的服务。

## 7.8.2　自定义服务

不论是为了更好的可测试性，还是为了代码重用而包装全局对象，自定义服务都是AngularJS应用开发中不可或缺的一部分。用于创建服务的，有三个模块方法，provider()、service()和factory()，它们都可以通过传入服务名和服务函数来进行创建，有以下几点不同。

- □ provider()：最复杂的方法，同时也是最全面的方法。
- □ service()：用于将一个服务定义为原型，从服务函数中获取一个新的独立的对象的情形。
- □ factory()：用于提供调用函数返回值一类的服务，一般用于在应用内实现数据和对象的共享访问的情形。

在日常开发中，使用service()和factory()的情况会比较多一些，provider()方法有些太过隆重。下面的代码便是用factory()方法来创建一个服务：

```
angular.module('example').factory('ExampleService', [
  function() {
    return true;
  }
]);
```

下面使用的是service()方法：

```
angular.module('example').service('ExampleService', [
  function() {
    this.someValue = true;

    this.firstMethod = function() {
    }

    this.secondMethod = function() {
    }
  }
]);
```

以后你会慢慢熟悉这几种不同的创建服务的方法。

AngularJS官方文档中也有几种创建自定义服务方法的详细说明，请访问http://docs.angularjs.org/guide/providers。

### 7.8.3　服务的使用

AngularJS的服务使用很简单，只需要将服务注入AngularJS组件中即可。下面的代码便是在example模块中使用ExampleService服务：

```
angular.module('example').controller('ExampleController', ['$scope', 'ExampleService',
  function($scope, ExampleService) {
    $scope.name = 'MEAN Application';
  }
]);
```

这便可以在控制器中使用ExampleService服务了，这样即可实现信息的共享和利用。接下来，让我们看看如何使用服务来解决MEAN开发中一个重要问题。

## 7.9　管理 AngularJS 的身份验证

AngularJS应用中的身份验证永远都是社区中的一个重要话题。关键在于服务器执行完用户的身份验证后，作为客户端的AngularJS应用如何知晓并保存相关的状态。一个方法是使用$http服务来查询用户的身份验证状态，但这个方法的缺陷在于整个AngularJS应用的所有组件都得等待请求的返回，这一过程中引发的矛盾是肯定要解决的。另一种方法，则是直接由Express应用在EJS视图中直接填充user对象，然后以AngularJS服务的方式来进行封装。

### 7.9.1　将 user 对象填充到视图

要想把完成身份验证的user对象填充到EJS视图中，需要做几方面的修改。先来修改控制器，编辑app/controllers/index.server.controller.js文件如下：

```
exports.render = function(req, res) {
  res.render('index', {
    title: 'Hello World',
    user: JSON.stringify(req.user)
  });
};
```

再修改模板文件app/views/index.ejs文件如下：

```
<!DOCTYPE html>
<html xmlns:ng="http://angularjs.org">
<head>
  <title><%= title %></title>
</head>
<body>
  <% if (user) { %>
    <a href="/signout">Sign out</a>
  <% } else { %>
```

```
    <a href="/signup">Signup</a>
    <a href="/signin">Signin</a>
<% } %>

<section ng-view></section>

<script type="text/javascript">
    window.user = <%- user || 'null' %>;
</script>

<script type="text/javascript" src="/lib/angular/angular.js"></script>
<script type="text/javascript" src="/lib/angular-route/angularroute.js"></script>

<script type="text/javascript" src="/example/example.client.module.js"></script>
<script type="text/javascript" src="/example/controllers/example.client.
controller.js"></script>
    <script type="text/javascript"src="/example/config/example.client.
routes.js"></script>

<script type="text/javascript" src="/application.js"></script>
</body>
</html>
```

user对象便会被转换为JSON字符串放到应用的主视图里。AngularJS应用引导时，身份验证的状态便已经保存好了。只要用户完成了验证，user对象便会有值，否则会为空（NULL）。下面再来看看如何利用服务在AngularJS应用内共享user对象中的信息。

## 7.9.2   添加身份验证服务

最好是将所有的用户逻辑包装在一个名为users的模块之内，再将Authentication服务也封闭在其中。进入public目录，创建一个名为users的目录，进入其内，再创建services目录。新建public/users/users.client.module.js文件，代码如下：

```
angular.module('users', []);
```

再到public/users/services/文件夹中创建authentication.client.service.js文件，代码如下：

```
angular.module('users').factory('Authentication', [
  function() {
    this.user = window.user;

    return {
      user: this.user
    };
  }
]);
```

这样便实现了在AngularJS服务中引用window.user对象。再到应用主页面中包含上面创建的服务和模块文件，修改app/views/index.ejs文件如下：

```html
<!DOCTYPE html>
<html xmlns:ng="http://angularjs.org">
<head>
  <title><%= title %></title>
</head>
<body>
<% if (user) { %>
  <a href="/signout">Sign out</a>
<% } else { %>
  <a href="/signup">Signup</a>
  <a href="/signin">Signin</a>
<% } %>

<section ng-view></section>

<script type="text/javascript">
  window.user = <%- user || 'null' %>;
</script>

  <script type="text/javascript" src="/lib/angular/angular.js"></script>
  <script type="text/javascript" src="/lib/angular-route/angularroute.js"></script>

  <script type="text/javascript" src="/example/example.client.module.js"></script>
  <script type="text/javascript" src="/example/controllers/example.client.
controller. zjs"></script>
  <script type="text/javascript" src="/example/config/example.client.routes.js">
</script>

  <script type="text/javascript" src="/users/users.client.module.js"></script>
  <script type="text/javascript" src="/users/services/authentication.client.
service.js"></script>

  <script type="text/javascript" src="/application.js"></script>
</body>
</html>
```

还需要在AngularJS应用主模块中包含users模块的依赖。另外还需要解决的是Facebook身份验证后的跳转bug——在OAuth来回的调用中，会在URL的#后面增加字符。修改public/application.js文件如下：

```javascript
var mainApplicationModuleName = 'mean';

var mainApplicationModule = angular.module(mainApplicationModuleName,
['ngRoute', 'users', 'example']);

mainApplicationModule.config(['$locationProvider',
  function($locationProvider) {
    $locationProvider.hashPrefix('!');
  }
]);

if (window.location.hash === '#_=_') window.location.hash = '#!';

angular.element(document).ready(function() {
```

```
    angular.bootstrap(document, [mainApplicationModuleName]);
});
```

users模块和Authentication服务便完成了，最后一步，便是在其他的AngularJS组件中使用这里的Authentication服务了。

### 7.9.3    使用身份验证服务

只须在需要使用身份验证的AngularJS实体中注入Authentication服务，便可以使用user对象了。比如我们要在example控制器中使用Authentication服务，只要修改public/example/controllers/example.client.controller.js文件如下：

```
angular.module('example').controller('ExampleController', ['$scope', 'Authentication',
    function($scope, Authentication) {
        $scope.name = Authentication.user ? Authentication.user.fullName : 'MEAN
Application';
    }
]);
```

上面的代码中，先是将Authentication注入example控制器中，并引用了模型中的field字段。使用命令行工具进入MEAN应用的根目录，执行如下命令：

```
$ node server
```

程序运行后，在浏览器中访问主页http://localhost:3000/#!/，注意两个文本框的内容，然后登陆，成功之后再回到首页观察一下文本框，你将看到不同的结果。

## 7.10    总结

本章介绍了AngularJS的基本原理。首先通过核心概念了解了AngularJS应用的架构。接着介绍了如何使用Bower安装AngularJS，如何组织项目结构和引导AngularJS应用。然后讨论了AngularJS的MVC实体结构及其使用。还使用ngRoute模块来配置应用的路由模式。最后，学习了如何使用AngularJS服务，以及使用服务来管理用户的身份验证。MEAN的四大部分已经全部介绍完了，下一章将学习如何在MEAN中创建CURD模块。

# 第 8 章

# 创建MEAN的CURD模块

在前面的内容中，我们学习了各个框架的配置。本章将在MEAN应用中实现基本操作的集合——CURD模块（增删改查模块）。CURD模块由一些基本的实体组成，这些实体都具有基本的添加、查看、更新和删除实体实例的功能。在MEAN应用中，CURD模块既包括服务器端的Express组件，还包含浏览器端的AngularJS客户端模块。本章主要内容有：

- ❑ 建立Mongoose模型
- ❑ 创建Express控制器
- ❑ 编写Express路由
- ❑ 创建和组织AngularJS模块
- ❑ AngularJS `ngResource`模块简介
- ❑ 实现AngularJS的MVC模块

## 8.1　CURD 模块简介

CURD模块是MEAN应用的基本构件。一个CURD模块包含两个MVC结构，功能分布在AngularJS和Express两部分。Express部分包括一个Mongoose模型、一个Express控制器和对应的Express路由文件。AngularJS部分相对复杂一点，包含多个视图，一套AngularJS控制器、服务和路由配置。本章将讨论如何将上面这几部分结合在一起，创建出一个`Article CURD`模块。本章的示例应用基于上一章，因此可以将第7章中示例程序的最终版复制一份，用于本章示例。

## 8.2　配置 Express 组件

要建立CURD模块的Express部分，首先需要创建一个Mongoose模型，用于验证和存储文章数据。然后是创建用于处理模块业务逻辑的Express控制器，最后是为控制器方法创建REST风格API的路由。让我们先从Mongoose模型开始。

## 8.2.1   创建 Mongoose 模型

Mongoose模型包含了`Article`实体的四个属性。进入ap/models/文件夹，创建Mongoose模型文件article.server.model.js，并为其输入以下代码：

```
var mongoose = require('mongoose'),
    Schema = mongoose.Schema;

var ArticleSchema = new Schema({
  created: {
    type: Date,
    default: Date.now
  },
  title: {
    type: String,
    default: '',
    trim: true,
    required: 'Title cannot be blank'
  },
  content: {
    type: String,
    default: '',
    trim: true
  },
  creator: {
    type: Schema.ObjectId,
    ref: 'User'
  }
});

mongoose.model('Article', ArticleSchema);
```

前面也有和上面类似的代码段。首先，上述代码包含了模型的依赖模块，然后使用Mongoose的`Schema`对象创建了`ArticleSchema`，用于定义模型的如下几个字段。

- ❏ `created`：存储文章的创建时间。
- ❏ `title`：存储文章的标题，使用了required验证器，标明是必需字段。
- ❏ `content`：存储文章的内容。
- ❏ `creator`：引用对象，用于标明文章的作者。

最后注册了Mongoose模型`Article`，方便后面在控制器中使用它。然后将新的模型加入应用之中，编辑config/mongoose.js如下：

```
var config = require('./config'),
    mongoose = require('mongoose');

module.exports = function() {
  var db = mongoose.connect(config.db);
```

```
require('../app/models/user.server.model');
require('../app/models/article.server.model');

return db;
};
```

模型文件的加载便完成了，应用中便可使用Article模型。模型配置完成以后，便可以创建Articles控制器了。

## 8.2.2 建立 Express 控制器

Express控制器负责管理服务器端与articles相关的功能。它包含一系列的MongoDB中文档的CURD操作。进入app/controllers目录，创建文件articles.server.controller.js，在文件中增加如下的依赖：

```
var mongoose = require('mongoose'),
    Article = mongoose.model('Article');
```

控制器中便实现了对Mongoose模型Article的包含，在逐个实现CURD方法之前，最好是创建一个用于处理验证和处理各类服务器错误的错误处理函数。

### 1. 错误处理函数方法

为处理Mongoose的各种错误，本书建议你创建一个简单的错误处理函数，以便将Mongoose的错误对象转换为简单的错误消息，再返回给控制器的各个方法。编辑刚刚创建的控制器文件app/controllers/articles.server.controller.js，追加如下代码：

```
var getErrorMessage = function(err) {
  if (err.errors) {
    for (var errName in err.errors) {
      if (err.errors[errName].message)return err.errors[errName].message;
    }
  } else {
    return 'Unknown server error';
  }
};
```

将Mongoose的错误对象以参数的方式传给getErrorMessage()方法，该方法从错误集合中遍历，然后返回第一个有message属性的错误message，这样便不会一下抛给用户一大堆错误。错误处理方法完成后，便可以开始创建控制器的方法了。

### 2. create()方法

Express控制器的create()方法用于创建一个新的MongoDB article文档。该方法先从HTTP请求对象中获取JSON对象，用这个JSON对象来创建相应的文档，再调用Mongoose模型的save()方法保存到MongoDB。打开控制器文件app/controllers/articles.server.controller.js，追加如下代码：

```
exports.create = function(req, res) {
  var article = new Article(req.body);
  article.creator = req.user;

  article.save(function(err) {
    if (err) {
      return res.status(400).send({
        message: getErrorMessage(err)
      });
    } else {
      res.json(article);
    }
  });
};
```

上述代码中，首先使用HTTP req.body创建了模型的实例，接着将经过Passport身份验证的当前用户设置为文章的creator。然后调用Mongoose模型实例的save()方法保存article文档。在save()的回调函数中，根据保存过程是否出错，返回不同的请求响应。如果出错了，则调用错误处理函数得到相应的错误消息作为响应内容，并设置响应的HTTP状态码为400；如果没有错误，则将article对象转换为JSON作为响应返回。create()方法完成后，就要实现读取操作了。读取操作包括两种方法，一种是获取文章列表，另一种是获取某个特定的文章，先来看看如何获取文章列表。

### 3. list()方法

Express控制器的list()方法用于实现返回文章列表的操作。该操作先使用Mongoose模型的find()方法获取所有文档，再将其转换为JSON输出。为实现该方法，编辑app/controllers/articles.server.controller.js，追加如下代码：

```
exports.list = function(req, res) {
  Article.find().sort('-created').populate('creator', 'firstName lastName fullName').
    exec(function(err, articles) {
    if (err) {
      return res.status(400).send({
        message: getErrorMessage(err)
      });
    } else {
      res.json(articles);
    }
  });
};
```

这里使用的是Mongoose的find()函数，获取了article集合的所有文档。在查询过程中使用了排序，获取的文档按照created进行排序。还使用了pupulate()方法将user对象的fristName、lastName和fullName属性填充到了articles对象的creator属性中。

剩下的CURD操作都是针对单个已有文档的。当然也可以使用同一个逻辑在各个方法中单独实现单个文档的获取操作，不过Express的路由提供了一个专门的功能——路由参数功能，完全可以通过路由参数中间件获取单个文档，再提供给各个方法操作，从而节约时间，降低代码冗余。

### 4. read()中间件

Express控制器的read()方法用于提供从数据库中读取已有文档这一基本操作。后面要编写的多个REST风格API中，通常是把文章ID以路由参数的方式传进来，再调用read()方法处理。为此，向服务器发起相关请求时，需要将articleId参数包含在请求路径中。

Express的路由提供了req.param()方法来处理路由参数，通过它，可以设置让包含articleId路由参数的请求均先经过特定的中间件处理，中间件便可通过articleId从MongoDB中检索出对应的article对象，并将其添加到请求对象中。这样，所有针对已有文档进行操作的控制器方法便可以通过请求对象来获取article对象。下面来实现一下该路由参数中间件，在app/controllers/articles.server.controller.js文件中追加如下代码：

```
exports.articleByID = function(req, res, next, id) {
  Article.findById(id).populate('creator', 'firstName lastName fullName').exec
    (function(err, article) {
    if (err) return next(err);
    if (!article) return next(new Error('Failed to load article ' + id));

    req.article = article;
    next();
  });
};
```

在上面的中间件函数中，除了Express中间件的标准参数外，还有个id参数。中间件通过id参数来查找article对象，并在请求对象中建立对它的引用。注意，其中使用了Mongoose模型的popular()方法，向article对象的creator属性填充了与用户相关的fristName、lastName和fullName字段。

在后面添加Express路由时，便可知道如何在不同的路由中使用articleById()中间件。不过首先让我们为控制器添加read()方法，该方法用于返回article对象，在app/controllers/articles.server.controller.js文件中追加如下代码：

```
exports.read = function(req, res) {
  res.json(req.article);
};
```

很简单吧？因为article对象已经在articleByID()中间件中获取完成了，在这里只需要将它使用JSON输出即可。在将中间件与路由结合之前，先来实现一下其他几个增删改查控制器方法。

### 5. `update()`方法

控制器的`update()`方法提供了对已有文档修改的基本操作。将`article`作为基本对象，使用HTTP请求主体中的`title`字段和`content`字段来更新，并使用Mongoose模型的`save()`方法将修改保存到数据库中。要实现该方法，可在app/controllers/articles.server.controller.js文件中追加如下代码：

```
exports.update = function(req, res) {
  var article = req.article;

  article.title = req.body.title;
  article.content = req.body.content;

  article.save(function(err) {
    if (err) {
      return res.status(400).send({
        message: getErrorMessage(err)
      });
    } else {
      res.json(article);
    }
  });
};
```

`update()`方法同样假定已经通过`articleByID()`中间件获取了相应的`article`对象。因此只需要修改`title`和`content`字段、将文档保存并将修改后的对象以JSON格式输出即可。如果出错了，则先修改HTTP错误码，再将错误通过`getErrorMessage()`方法进行处理后再输出。

这样，增删改查Express控制器方法还剩最后一个`delete()`方法，最后来看看如何实现该方法。

### 6. `delete()`方法

控制器的`delete()`方法提供了对现有article文档删除这一基本操作。通过Mongoose模型的`remove()`方法将`article`对象从数据库中删除。要实现该方法，在app/controllers/articles.server.controller.js文件中追加如下代码：

```
exports.delete = function(req, res) {
  var article = req.article;

  article.remove(function(err) {
    if (err) {
      return res.status(400).send({
        message: getErrorMessage(err)
      });
    } else {
      res.json(article);
    }
```

```
  });
};
```

同样，`delete()`方法依然是在`articleByID()`中间件已经获取的`article`对象的基础上操作的。只需要调用Mongoose模型的`remove()`方法，并将删除的对象用JSON格式输出即可。如果出错了，则先修改HTTP错误码，再将错误通过`getErrorMessage()`方法进行处理后再输出。

这样，增删改查Express控制器方法便全部完成了。在编写调用这些方法的Express路由之前，需要再花点时间实现两个鉴权中间件。

### 7. 实现身份验证中间件

在编写Express控制器方法的时候，不难发现大多数方法是需要对用户的身份进行验证的。比如，如果`req.user`对象为空的话，是不能调用`create()`方法的。虽然也可以在控制器方法中对`req.user`进行检查，但这将会产生大量重复的校验代码。其实可以用Express链式中间件来禁止未验证的请求调用控制器方法。首先需要实现的是对用户身份进行验证的中间件。在此前的Express控制器users里已经实现了一些与身份验证相关的方法，因此最好是在其内实现身份验证中间件。在app/controllers/users.server.controller.js文件中追加如下代码：

```
exports.requiresLogin = function(req, res, next) {
  if (!req.isAuthenticated()) {
    return res.status(401).send({
      message: 'User is not logged in'
    });
  }

  next();
};
```

`requiresLogin()`中间件通过调用Passport提供的`req.isAuthenticated()`来验证用户是否通过了身份验证。如果发现用户已经登录过了，则调用中间件链条上的下个中间件；否则将会修改HTTP错误码，并返回验证失败的响应。这个中间件很强大，但如果要确定某个用户是否有操作某个文档的权限，则需要一个针对特定文档的授权中间件。

### 8. 实现授权中间件

在增删改查模块中，有两个是针对已有article文档进行修改的方法。通常情况下，`update()`和`delete()`方法都有使用限制，只有创建者可以调用。因此对于任何需要执行这些方法的请求，都需要检查编辑者是否的确是文档的创建者。为此，可以在Article控制器增加一个授权中间件。在app/controllers/articles.server.controller.js文件中追加如下代码：

```
exports.hasAuthorization = function(req, res, next) {
    if (req.article.creator.id !== req.user.id) {
        return res.status(403).send({
            message: 'User is not authorized'
```

```
        });
    }
    next();
};
```

hasAuthorization()中间件通过req.article对象和req.user对象来确定当前操作的用户是否是文章的创建者。该中间件也假定调用它的请求是包含有articleId路由参数的。这样，方法和中间件便全部准备好了，下一步编写路由来执行它们。

## 8.2.3　编写 Express 路由

在开始编写Express路由之前，首先来回顾一下REST风格API的体系结构设计。REST风格的API提供了一致的服务结构来标识对应用资源完成的操作接口集合，即这类API通过预定义的路由结构，连同不同的HTTP方法名来识别语境，以响应不同的HTTP请求。REST风格的架构实现方式多样，但通常都基于以下几点来实现。

❑ 每个资源一个基本URL，在这里是http://localhost:3000/articles。
❑ 使用JSON作为数据结构格式，通过请求包体传送。
❑ 使用标准的HTTP方法，如GET、POST、PUT和DELETE。

基于以上三点，便可合理地将HTTP请求发送给对应的控制器方法。因此文档相关的API主要有如下五个。

❑ GET http://localhost:3000/articles: 用于返回文章列表
❑ POST http://localhost:3000/articles: 用于创建并返回新文章
❑ GET http://localhost:3000/articles/:articleId: 用于请求特定单个文章
❑ PUT http://localhost:3000/articles/:articleId: 用于更新并返回文章
❑ DELETE http://localhost:3000/articles/:articleId: 用于删除并返回文章

上述路由的控制器方法已经在前面的内容中准备好了，路由参数中间件articleId也已实现，剩下的便是实现Express的路由了。进入app/routes文件夹，创建articles.server.routes.js文件，代码如下：

```
var users = require('../../app/controllers/users.server.controller'),
    articles = require('../../app/controllers/articles.server.controller');

module.exports = function(app) {
  app.route('/api/articles')
    .get(articles.list)
    .post(users.requiresLogin, articles.create);

  app.route('/api/articles/:articleId')
    .get(articles.read)
    .put(users.requiresLogin, articles.hasAuthorization, articles.update)
```

```
        .delete(users.requiresLogin, articles.hasAuthorization, articles.delete);

    app.param('articleId', articles.articleByID);
};
```

上述代码主要完成了如下几件事情，首先是包含了users和articles的控制器，接着使用app.route()方法定义了增删改查操作的基本路由URL，并使用Express的路由方法为特定的HTTP请求指定相应的控制器方法。请注意POST方法使用了users.requiresLogin()中间件，用以确保只有登录用户才能新建文档。而PUT和DELETE方法则同时使用了users.requires-Login()和articles.hasAuthorization()这两个中间件，使得用户只能删除和编辑自己创建的文档。最后，使用了app.param()以确保有articleId参数的路由都会先调用articles.articleByID()中间件。下一步，需要配置Express应用，使其加载新建的Article模型和路由文件。

## 8.2.4 配置 Express 应用

为了让Express使用新增加的增删改查操作，需要配置应用来加载路由文件。修改config/express.js文件如下：

```
var config = require('./config'),
    express = require('express'),
    morgan = require('morgan'),
    compress = require('compression'),
    bodyParser = require('body-parser'),
    methodOverride = require('method-override'),
    session = require('express-session'),
    flash = require('connect-flash'),
    passport = require('passport');

module.exports = function() {
  var app = express();

  if (process.env.NODE_ENV === 'development') {
    app.use(morgan('dev'));
  } else if (process.env.NODE_ENV === 'production') {
    app.use(compress());
  }

  app.use(bodyParser.urlencoded({
    extended: true
  }));
  app.use(bodyParser.json());
  app.use(methodOverride());

  app.use(session({
    saveUninitialized: true,
    resave: true,
    secret: config.sessionSecret
  }));
```

```
app.set('views', './app/views');
app.set('view engine', 'ejs');

app.use(flash());
app.use(passport.initialize());
app.use(passport.session());

require('../app/routes/index.server.routes.js')(app);
require('../app/routes/users.server.routes.js')(app);
require('../app/routes/articles.server.routes.js')(app);

app.use(express.static('./public'));

return app;
};
```

现在，与文档相关的REST风格API便全部完成了！下一步，我们将学习如何使用ngResource模块来简单地实现Express应用与AngularJS实体之间的通信。

## 8.3    ngResource 模块简介

在第7章中，曾提及使用$http服务可以实现AngularJS应用与后端API的通信。$http服务提供的是HTTP请求较为低级的接口，同时AngularJS开发团队也给出了为处理REST风格API的开发人员提供更大帮助的方法。REST的体系是结构化的，因此很多处理AJAX请求的客户端代码可以通过更高级的接口来简化操作。为此，AngularJS开发团队推出了ngResource模块，为开发人员提供更为简便的与REST风格数据源通信的方法。它通过设计模式中的工厂方法来表现，用来创建ngResource对象以处理REST风格资源的基本路由。下一小节将介绍它的工作原理，不过ngResource是扩展模块，因此需要先用Bower来安装。

### 8.3.1    安装 ngResource 模块

为安装ngResource模块，修改bower.json文件，如下所示：

```
{
  "name": "MEAN",
  "version": "0.0.8",
  "dependencies": {
    "angular": "~1.2",
    "angular-route": "~1.2",
    "angular-resource": "~1.2"
  }
}
```

然后用命令行工作进入MEAN应用根目录，执行如下命令安装新的ngResource模块：

```
$ bower update
```

Bower安装完新的依赖后，便会在public/lib中创建一个名为angular-resource的文件夹。下一步便是在应用主页面中包含模块文件，修改app/views/index.ejs如下：

```
<!DOCTYPE html>
<html xmlns:ng="http://angularjs.org">
<head>
  <title><%= title %></title>
</head>
<body>
  <% if (user) { %>
    <a href="/signout">Sign out</a>
  <% } else { %>
    <a href="/signup">Signup</a>
    <a href="/signin">Signin</a>
  <% } %>
  <section ng-view></section>

  <script type="text/javascript">
    window.user = <%- user || 'null' %>;
  </script>

  <script type="text/javascript" src="/lib/angular/angular.js"></script>
  <script type="text/javascript" src="/lib/angular-route/angularroute.js"></script>
  <script type="text/javascript" src="/lib/angular-resource/angularresource.js">
</script>

  <script type="text/javascript" src="/example/example.client.module.js"></script>
  <script type="text/javascript" src="/example/controllers/example.client.
controller.js"></script>
  <script type="text/javascript" src="/example/config/example.client.routes.js">
</script>

  <script type="text/javascript" src="/users/users.client.module.js"></script>
  <script type="text/javascript" src="/users/services/authentication.
client.service.js"> </script>

  <script type="text/javascript" src="/application.js"></script>
</body>
</html>
```

最后，需要将ngResource模块加入应用模块的依赖列表中，修改public/application.js如下：

```
var mainApplicationModuleName = 'mean';

var mainApplicationModule = angular.module(mainApplicationModuleName,
['ngResource','ngRoute', 'users', 'example']);

mainApplicationModule.config(['$locationProvider',
  function($locationProvider) {
    $locationProvider.hashPrefix('!');
  }
```

```
]);

if (window.location.hash === '#_=_') window.location.hash = '#!';

angular.element(document).ready(function() {
  angular.bootstrap(document, [mainApplicationModuleName]);
});
```

上述操作执行完后，ngResource便配置完成，可以使用了。

## 8.3.2　使用$resource 服务

ngResouorce模块为开发人员提供了一个新的工厂模式，可以将该模块注入AngularJS实体中。向$resource工厂传入一个基础URL和配置选项对象，便可简单地实现与REST风格后端的通信。要使用ngResource模块，只需要调用$resource的工厂方法即可，该方法将会返回一个$resource对象。工厂方法可接受如下四个参数。

- Url：基础URL加使用冒号做前缀的参数，如/users/:userId。
- ParamDefaults：URL参数的默认值，既可以是硬编码的值，也可以是使用@做前缀的字符串，这样便可以从数据对象中获取值作为参数值。
- Actions：对象，用于表示扩展默认资源动作集的自定义方法。
- Options：对象，用于表示扩展$resourceProvider默认行为的自定义选项。

返回的ngResource对象通过多个方法来处理默认的REST风格资源路由，还可使用自定义方法进行随意扩展。默认的资源方法有如下几个。

- get()：使用HTTP GET方法请求，并将响应结果导出为JSON对象。
- save()：使用HTTP POST方法请求，并将响应结果导出为JSON对象。
- query()：使用HTTP GET方法请求，并将响应结果导出为JSON数组。
- remove()：使用HTTP DELETE方法请求，并将响应结果导出为JSON对象。
- delete()：使用HTTP DELETE方法请求，并将响应结果导出为JSON对象。

调用上述几个方法，将会用到$http服务，并发起特定的HTTP方法、URL和参数的HTTP请求。$resource实例方法会立即返回一个空的对象引用，当服务器响应请求返回数据后，便会用数据来填充对象引用。当然也可以传入一个回调函数，当空对象引用被填充时便立即执行。下面便是一个简单的$resource工厂方法示例：

```
var Users = $resource('/users/:userId', {
  userId: '@id'
});

var user = Users.get({
  userId: 123
```

```
}, function() {
  user.abc = true;
  user.$save();
});
```

注意，也可以在填充好的引用对象中使用$resource方法。其原因在于$resource方法能够返回由数据字段填充的$resource实例。下一节将学习如何使用$resource的工厂方法与Express API进行通信。

## 8.4 实现 AngularJS 的 MVC 模块

CRUD模块的第二大部分是AngularJS MVC模块。该模块包括一个使用$resource工厂方法与Express API进行通信的AngularJS服务，一个包含客户端模块逻辑的AngularJS控制器，以及多个提供给用户进行增删改查操作的界面视图。在创建AngularJS实体前，先来创建模块的初始结构。进入public文件夹，创建名为articles的文件夹，进入新创建的子文件夹，创建模块初始化文件articles.client.module.js，并为其输入如下代码：

```
angular.module('articles', []);
```

上述代码将对模块进行初始化，除此之外，还需要将新的模块作为依赖添加到主应用模块中。修改pubilc/application.js文件如下：

```
var mainApplicationModuleName = 'mean';

var mainApplicationModule = angular.module(mainApplicationModuleName,
['ngResource','ngRoute', 'users', 'example', 'articles']);

mainApplicationModule.config(['$locationProvider',
  function($locationProvider) {
    $locationProvider.hashPrefix('!');
  }
]);

if (window.location.hash === '#_=_') window.location.hash = '#!';

angular.element(document).ready(function() {
  angular.bootstrap(document, [mainApplicationModuleName]);
});
```

这样便可以对新建模块进行加载，接下来就可以开始创建模块实体了，先从模块的服务部分开始。

### 8.4.1 创建模块服务

为了使CRUD模块更方便地与后端API通信，本书建议将$resource工厂方法封装到单个

AngularJS服务中。为此，进入public/articles文件夹，创建名为services的文件夹，进入新的子文件夹，创建articles.client.service.js文件，并为其输入如下代码：

```
angular.module('articles').factory('Articles', ['$resource', function($resource) {
  return $resource('api/articles/:articleId', {
    articleId: '@_id'
  }, {
    update: {
      method: 'PUT'
    }
  });
}]);
```

服务中用的$resource工厂方法有三个参数：后端资源的基础URL、指定文档_id字段为值的路由参数以及一个通过使用update()方法对资源方法进行扩展的动作参数。其中，update()方法使用的是HTTP PUT方法。这样，该模块服务便提供了与服务器端进行通信所需的所有功能。在后面的内容中会用到这些功能。

## 8.4.2　建立模块控制器

前面提到，模块的逻辑全部都集中在AngularJS控制器里。在这里，控制器提供了执行增删改查操作所需要的所有方法。第一步要创建控制器文件。进入public/articles/文件夹，创建一个名为controllers的文件夹，进入子文件夹，创建文件articles.client.controller.js，并为其输入如下代码：

```
angular.module('articles').controller('ArticlesController', ['$scope',
'$routeParams', '$location', 'Authentication', 'Articles',
  function($scope, $routeParams, $location, Authentication, Articles)
{
    $scope.authentication = Authentication;
  }
]);
```

新的ArticlesController使用了四个注入服务。

❑ $routeParams：由ngRoute模块提供，存储了后面需要定义的AngularJS路由的路由参数。

❑ $location：用于控制应用的导航。

❑ Authentication：该服务创建于之前的内容，用于提供用户身份验证信息。

❑ Articles：该服务创建于上一小节，用于提供一系列用于同REST风格后端通信的方法。

另一个需要注意的地方是将Authentication服务绑定到控制器的$scope上，这样才能在视图中使用它。控制器的定义就完成了，实现控制器的增删改查方法就比较简单了。

### 1. create()方法

AngularJS控制器的create()方法用于提供创建文档这一基本操作。调用该方法时，将从视图中获取 title 和 content 两个字段，通过 Articles 服务与对应的后端REST接口通信，最终将新文档进行保存。要实现 create() 方法，先打开 public/articles/controllers/articles.client. controller.js，向控制器的构造函数中添加如下代码：

```
$scope.create = function() {
  var article = new Articles({
    title: this.title,
    content: this.content
  });

  article.$save(function(response) {
    $location.path('articles/' + response._id);
  }, function(errorResponse) {
    $scope.error = errorResponse.data.message;
  });
};
```

先来看看 create() 的功能。首先，它通过视图字段中的 title 和 content，以及 Articles 资源服务创建了一个新的文档资源。接着使用文档资源的 $save() 方法将新 article 对象发送给对应的后端REST接口，同时还传送了两个回调函数。其中，前一个是HTTP请求服务器成功后返回200状态码时执行的回调，它使用 $location 服务导航到刚创建文档的路由。后一个是HTTP请求服务器失败后返回错误状态码时执行的回调，它会将错误消息赋给 $scope 对象，再由视图呈现给用户。

### 2. find() 和 findOne() 方法

控制器需要两个不同的读取 article 方法，一个用于检索单个 article，一个用于检查多个 article。这两个方法都需要使用 Articles 服务与后端REST接口通信。要实现这两个方法，先打开 public/articles/controllers/articles.client.controller.js，向控制器的构造函数中添加如下代码：

```
$scope.find = function() {
  $scope.articles = Articles.query();
};

$scope.findOne = function() {
  $scope.article = Articles.get({
    articleId: $routeParams.articleId
  });
};
```

上述代码定义了两个方法。find() 方法，用于检索 article 列表，findOne() 方法，可以根据路由参数 articleId 来检索单个 article。这两个函数都是直接从前面定义的基础URL直接获取数据，find() 方法需要请求列表，所以使用了资源的 query() 方法，而 findOne() 方法则使用资源的 $get() 方法来检索单个文档。注意，这两个方法都把结果赋给了 $scope 变量，这样视图才可以将数据显示出来。

### 3. update() 方法

AngularJS控制器的update()方法用于提供对现存article进行修改这一基本操作。为此，需要使用$scope.article变量，并通过视图的HTML输入元素对其进行修改，再用Articles服务与后端REST接口通信来保存修改后的文档。要实现update()方法，先打开public/articles/controllers/articles.client.controller.js，向控制器的构造函数中添加如下代码：

```
$scope.update = function() {
  $scope.article.$update(function() {
    $location.path('articles/' + $scope.article._id);
  }, function(errorResponse) {
    $scope.error = errorResponse.data.message;
  });
};
```

在update()方法中，使用了article资源的$update()方法将修改后的article对象发送给后端REST接口，同时还传入了两个回调函数。前一个是HTTP请求服务器成功后返回200状态码时执行的回调，它使用$location服务导航到刚修改文档的路由。后一个是HTTP请求服务器失败后返回错误状态码时执行的回调，它会将错误消息赋给$scope对象，再由视图呈现给用户。

### 4. delete() 方法

AngularJS控制器的update()方法用于删除现存article。用户可能在article的list视图和read视图执行删除操作，因此delete()会用到$scope.article和$scope.articles变量。这意味着删除操作可能要考虑必要时从$scope.articles集合中对已删除文档进行移除的情况。在此还是使用Articles服务与后端REST接口通信删除文档。要实现delete()方法，先打开public/articles/controllers/articles.client.controller.js，向控制器的构造函数中添加如下代码：

```
$scope.delete = function(article) {
  if (article) {
    article.$remove(function() {
      for (var i in $scope.articles) {
        if ($scope.articles[i] === article) {
          $scope.articles.splice(i, 1);
        }
      }
    });
  } else {
    $scope.article.$remove(function() {
      $location.path('articles');
    });
  }
};
```

delete()方法首先对是在列表还是从查看中执行删除进行了区分。然后使用article的$remove()方法来调用后端REST接口。如果用户是在list视图中删除的article，接着还要从$scope.articles中删除相应的对象。如果是在read视图，则直接删除$scope.article对象，并回到list视图。

控制器便建立完成了，下一步是实现调用控制器方法的AngularJS视图，最后使用AngularJS的路由机制连接控制器和视图。

## 8.4.3 实现模块视图

CRUD模块的下一个组件是模块的视图。各个视图提供了让用户执行上一节中所创建的控制器方法的界面。实现视图的第一步，是要创建视图文件夹。进入public/articles文件夹，创建名为views的子文件夹。下面逐个创建各个视图。

### 1. create-article视图

create-article视图提供给用户创建article的界面。视图中包含一个HTML表单，它使用控制器中的create方法保存article。进入public/articles/views文件夹，创建create-article.client. view.html文件，并为其输入如下代码：

```html
<section data-ng-controller="ArticlesController">
<h1>New Article</h1>
  <form data-ng-submit="create()" novalidate>
    <div>
      <label for="title">Title</label>
      <div>
        <input type="text" data-ng-model="title"id="title"
placeholder="Title" required>
      </div>
    </div>
    <div>
      <label for="content">Content</label>
      <div>
        <textarea data-ng-model="content"id="content" cols="30" rows="10"
placeholder="Content"></textarea>
      </div>
    </div>
    <div>
      <input type="submit">
    </div>
    <div data-ng-show="error">
      <strong data-ng-bind="error"></strong>
    </div>
  </form>
</section>
```

create-article视图中有一个简单的表单，表单中有两个文本框和一个提交按钮。文本框中使用ng-model指令将用户输入与控制器scope中的模型数据绑定，还通过ng-controller指令绑定了ArticlesController控制器。另外还需要注意的是表单元素中使用了ng-submit指令，该指令可以让AngularJS在表单提交后调用指定的控制器方法，在这里，表单提交后会执行

create()方法。最后，当发生错误时会显示在表单最末的位置。

### 2. view-article视图

view-article视图提供给用户查看单个article的界面。视图中包含一些HTML元素，它使用控制器中的findOne()方法来获取单个article。当article的创建者访问这个视图时，还会显示删除和导航到edit-article的按钮。进入public/articles/views文件夹，创建view-article.client.view.html文件，并为其输入以下代码：

```
<section data-ng-controller="ArticlesController" data-ng-init="findOne()">
  <h1 data-ng-bind="article.title"></h1>
  <div data-ng-show="authentication.user._id == article.creator._id">
    <a href="/#!/articles/{{article._id}}/edit">edit</a>
    <a href="#" data-ng-click="delete();">delete</a>
  </div>
  <small>
    <em>Posted on</em>
    <em data-ng-bind="article.created | date:'mediumDate'"></em>
    <em>by</em>
    <em data-ng-bind="article.creator.fullName"></em>
  </small>
  <p data-ng-bind="article.content"></p>
</section>
```

view-article视图包含有多个HTML元素，这些元素使用ng-bind指令与article数据进行了绑定。与create-article视图中类似的是，这里也使用ng-controller来设置让视图使用ArticlesController控制器。由于在打开视图的同时需要加载article信息，于是使用了ng-init指令让视图打开时执行控制器的findOne()方法。还需要注意其中使用ng-show来控制只有当访问者是article创建者时显示编辑和删除链接。编辑链接可以跳转到edit-article视图，删除链接可以调用控制器的delete()方法。

### 3. edit-article视图

edit-article视图提供给用户修改已有article的界面。视图包含一个HTML表单，它使用控制器中的update()方法保存修改的文章。进入public/articles/views文件夹，创建edit-article.client.view.html文件，并为其输入如下代码：

```
<section data-ng-controller="ArticlesController" data-ng-init="findOne()">
  <h1>Edit Article</h1>
  <form data-ng-submit="update()"novalidate>
    <div>
      <label for="title">Title</label>
      <div>
        <input type="text" data-ng-model="article.title" id="title"
placeholder="Title" required>
      </div>
    </div>
    <div>
```

```
          <label for="content">Content</label>
        <div>
          <textarea data-ng-model="article.content"id="content"
cols="30"rows="10" placeholder="Content"></textarea>
        </div>
      </div>
      <div>
        <input type="submit" value="Update">
      </div>
      <div data-ng-show="error">
        <strong data-ng-bind="error"></strong>
      </div>
    </form>
  </section>
```

edit-article视图包含一个简单的表单，与create-article类似，表单中有两个文本框和一个提交按钮。文本框使用ng-model指令将用户输入与控制器的$scope.article对象绑定。为了在修改之前就能够对文档信息进行加载，视图通过ng-init在打开时便调用控制器的findOne()方法。另外还要注意放在表单元素中的ng-submit指令。该指令会告诉AngularJS当表单提交时执行控制器的update()方法。最后需要注意的是，当修改发生错误时显示在表单末尾的错误信息。

### 4. list-article视图

list-article视图提供给用户查看已有article列表的界面。视图包含几个HTML元素，它使用控制器的find()方法获取现存article集合。视图使用ng-repeat指令填充出一个HTML列表，每一条便是一个article。如果还没有任何article，视图会提供一个导航到create-article视图的链接。进入public/articles/views文件夹，创建list-article.client.view.html文件，并为其输入如下代码：

```
<section data-ng-controller="ArticlesController" data-ng-init="find()">
  <h1>Articles</h1>
  <ul>
    <li data-ng-repeat="article in articles">
      <a data-ng-href="#!/articles/{{article._id}}" data-ng-
bind="article. title"></a>
      <br>
      <small data-ng-bind="article.created | date:'medium'"></small>
      <small>/</small>
      <small data-ng-bind="article.creator.fullName"></small>
      <p data-ng-bind="article.content"></p>
    </li>
  </ul>
<div data-ng-hide="!articles || articles.length">
    No articles yet, why don't you <a href="/#!/articles/create">create one</a>?
  </div>
</section>
```

list-article视图通过重复几个HTML元素来呈现出article列表。通过ng-repeat指令对articles命令中的文章进行遍历，将每个article信息利用ng-bind绑定到列表元素上。与其他几个视图一样，这里是通过ng-controller指令来连接视图与ArticlesController控制器。为了能够在列表打开时加载articles列表，视图中使用了ng-init指令调用控制器的find()方法。另外值得注意的是，当articles列表为空时，由ng-hide指令控制，询问用户是否需要创建新文档的内容便会显示出来。

　　AngularJS视图实现后，只差模块路由，整个增删改查模块就完成了。

### 8.4.4　编写 AngularJS 路由

　　这是实现CRUD模块最后一步，即将视图与AngularJS应用路由机制连接起来。这意味着需要为每个新创建的视图指定路由。进入public/articles文件夹，创建名为config的文件夹，进入新创建的子文件夹，创建articles.client.routes.js文件，并为其输入如下代码：

```
angular.module('articles').config(['$routeProvider',
    function($routeProvider) {
        $routeProvider.
        when('/articles', {
            templateUrl: 'articles/views/list-articles.client.view.html'
        }).
        when('/articles/create', {
            templateUrl: 'articles/views/create-article.client.view.html'
        }).
        when('/articles/:articleId', {
            templateUrl: 'articles/views/view-article.client.view.html'
        }).
        when('/articles/:articleId/edit', {
            templateUrl: 'articles/views/edit-article.client.view.html'
        });
    }
]);
```

　　上述代码为每个视图都分配了各自的路由。最后的两个路由，都是处理现存article的，在URL定义中包含了名为articleId的路由参数。控制器会利用$routeProvider服务提取articleId参数。路由定义完成后，最后一步是配置CRUD模块，主要是在主应用页面中包含模块文件，并为用户提供一些连接到CRUD模块的链接。

## 8.5　最终实现

　　为了完成模块的实现，还需要在应用主页面中包含模块的JavaScript文件，并在前面的示例应用中添加一些连接到新模块的链接。首先，修改应用的主页面。修改public/views/index.ejs文件如下：

```
<!DOCTYPE html>
<html xmlns:ng="http://angularjs.org">
```

```
<head>
  <title><%= title %></title>
</head>
<body>
  <section ng-view></section>

  <script type="text/javascript">
    window.user = <%- user || 'null' %>;
  </script>

  <script type="text/javascript" src="/lib/angular/angular.js"></script>
  <script type="text/javascript" src="/lib/angular-route/angularroute.js"></script>
  <script type="text/javascript" src="/lib/angular-resource/angular
resource.js"></script>

  <script type="text/javascript" src="/articles/articles.client.
module.js"></script>
  <script type="text/javascript" src="/articles/controllers/articles.client.
controller.js"></script>
  <script type="text/javascript" src="/articles/services/articles.client.
service.js"></script>
  <script type="text/javascript" src="/articles/config/articles.client.routes.
js"></script>

  <script type="text/javascript" src="/example/example.client.module.js">
</script>
  <script type="text/javascript" src="/example/controllers/example.client.
controller.js"></script>
  <script type="text/javascript" src="/example/config/example.client.routes.js">
</script>

  <script type="text/javascript" src="/users/users.client.module.js"></script>
  <script type="text/javascript" src="/users/services/authentication.client.
service.js"></script>

  <!--Bootstrap AngularJS Application-->
  <script type="text/javascript" src="/application.js"></script>
</body>
</html>
```

上述修改中，把原本主页中的身份验证链接去掉了。不过别担心，我们将会在example模块的home视图中加上它。修改public/example/views/example.client.view.html如下：

```
<section ng-controller="ExampleController">
  <div data-ng-show="!authentication.user">
    <a href="/signup">Signup</a>
    <a href="/signin">Signin</a>
  </div>
  <div data-ng-show="authentication.user">
    <h1>Hello <span data-ng-bind="authentication.user.fullName"></
span></h1>
    <a href="/signout">Signout</a>
    <ul>
```

```
        <li><a href="/#!/articles">List Articles</a></li>
        <li><a href="/#!/articles/create">Create Article</a></li>
      </ul>
   </div>
</section>
```

　　上述代码中，当用户还没有完成身份验证时便会显示登录和注册的链接。当用户登录后，则显示articles模块的链接。为了达到这个效果，还需要对`ExampleController`稍作修改。打开public/example/controllers/example.client.controller.js文件,修改`Authentication`服务的使用方法如下：

```
angular.module('example').controller('ExampleController', ['$scope', 'Authentication',
   function($scope, Authentication) {
      $scope.authentication = Authentication;
   }
]);
```

　　这样，example的视图便可完整地使用`Authentication`服务。大功告成，CRUD模块便全部完成，接下来可以对其进行测试了。使用命令行工具进入MEAN应用的根目录，执行如下命令，运行应用：

```
$node server
```

　　程序运行后，使用浏览器进入http://localhost:3000/#!/，便可以看到登录和注册的链接。点击链接进行登录，再看看页面有什么变化。然后进入http://localhost:3000/#!/articles，可以看到`list-articles`视图显示创建article的链接。创建一个新的article，再使用前面创建的视图对其进行修改和删除。CRUD模块是可以完整执行这些操作的。

## 8.6　总结

　　本章讲述了如何创建增删改查模块。首先从定义Mongoose和Express控制器开始，介绍了如何实现增删改查方法。接着介绍了如何使用Express中间件执行控制器方法的身份验证，以及如何为模块方法定义REST风格的API。本章还首次接触了`ngResource`模块，并尝试用它的`$resource`工厂方法与后端API进行通信。之后创建了AngularJS实体，实现了AngularJS中的增删改查功能。通过创建一个增删改查模块，我们将整个MEAN应用的四大部分都串联起来。下一章将使用Socket.io在服务器和客户端应用之间建立实时连接。

# 第 9 章

# 基于Socket.io的实时通信

在前面的内容中，讲述了如何创建MEAN应用和CURD模块。这些内容已经涵盖了一个Web应用的基本功能。但现在越来越多的应用需要实现浏览器和服务器之间的实时通信。本章将讲述如何使用Socket.io模块在Express应用与AngularJS应用之间建立实时连接。Socket.io使Node.js开发人员可以通过使用WebSockets协议，并以一些老的协议作为后备选项，分别在时新的浏览器和版本较旧的浏览器中实现实时连接。本章内容主要有：

- 安装Socket.io模块
- 配置Express应用
- 配置Socket.io的Passport会话
- 创建Socket.io的路由
- 使用Socket.io的客户端对象
- 实现一个简单的聊天室

## 9.1　WebSockets 简介

像Facebook、Twitter和Gmail之类的现代Web应用都有一些实时通信的需求，这些应用都需要连续不断地把最新消息呈现在用户面前。与传统Web应用不同的是，实时Web应用的基本要求是服务器和浏览器之间可以反向数据发送，要实现这个目的，就要求服务器向浏览器发送新数据时，根本不用考虑浏览器是否发起了请求。区别于HTTP的常规特性，服务器不需要等待浏览器发起请求，只要有可用的新数据，它将随时把这些数据发往浏览器端。

这种全新的做法，被称之为Comet。该术语是Web程序员Alex Russel在2006年提出的，是与Ajax相关的一个术语（Comet又称为反向Ajax，美国有两个知名的洗衣品牌叫Ajax和Comet）。过去曾有很多基于HTTP协议来实现的Comet技术。

最早也是最简单的办法是XHR轮询。在XHR轮询中，浏览器周期性地向服务器发起请求，服务器如果有新的数据就将新数据返回，没有则返回内容为空。当新事件发生时，服务器会在下一个轮询请求中返回对应的事件数据。虽然对于大多数浏览器来讲这已经够用了，但XHR轮询还存在两大问题。最明显的一个问题是XHR轮询会无缘无故产生大量的服务器请求，而且绝大多数都返回并无实用数据的响应。第二个问题是浏览器获得新数据的速度取决于轮询的周期。浏览器只有在下一次请求的时候才能获得新的数据，这也导致了客户端状态的延迟。为了解决这个问题，一个相对较好的解决方法——XHR长轮询，应运而生。

通过XHR长轮询技术，浏览器在向服务器发起XHR请求时，请求响应并不是马上返回，而是等到服务器有新的数据后再返回。事件发生时，服务器将新事件的数据作为响应予以返回。一旦浏览器收到响应，便会发起一个新的长轮询。这一周期使得我们可以对请求进行更好的管理，每个会话也只需要一个请求，而且当有新的信息时，服务器不用等到下次请求，便可立即将数据作为响应返回给浏览器。正是因为它的可用性和稳定性，长轮询逐渐成为实时应用的标准方法。长轮询有很多不同的实现方法，包括持久iFrame，多部分XHR，通过script标签实现的支持实时和跨域JSONP长轮询，以及普通的XHR长连接。

但是，这些方法实际都只是HTTP和XHR协议的巧妙应用而已，这些技巧也并不是这两个协议设计的初衷。随着现代浏览器的迅速迭代，以及对HTML5标准的适应，一个新的实时通信协议，全双工的WebSockets出现了。

在支持WebSockets协议的浏览器中，浏览器与服务器的初始化连接是通过HTTP完成的，被称之为HTTP握手。初始化完成后，浏览器和服务器之间便建立了一个基于TCP Socket的单个持久连接信道。socket连接一旦建立，服务器和浏览器之间便可以进行双向通信。这意味着双方都可以通过该单个通信信道来发送和获取消息。这不仅可以降低服务器负载，减少消息延迟，还可以通过独立的连接进行统一的PUSH通信。

不过WebSockets仍然受制于两个问题。首先也是最重要的便是浏览器的兼容性问题。WebSockets还是一个新标准，因此一些版本较旧的浏览器并不支持。虽然很多新的浏览器已经实现了对该协议的支持，但大量的用户还用着版本较旧的浏览器。第二个问题来自于HTTP代理、防火墙、主机提供商等。由于WebSockets是与HTTP完全不一样的通信协议，上述几个中介并不一定都支持它，甚至还有可能屏蔽sockets通信。这些问题从Web诞生之初就一直困扰着开发人员，唯一能解决的办法，就是能够有一个根据不同的环境和条件在不同的协议之间进行自由切换，并能够优化可用度的抽象库。好在Socket.io出现了，它就是为此而生，Node.js程序员们可以对其进行免费和自由的使用。

## 9.2 Socket.io 简介

2010年，JavaScript工程师Guillermo Rauch开发出了Socket.io，帮助Node.js程序员们对实时应用通信进行了抽象。Socket.io一问世便备受瞩目，它先后经历了九个大的版本，后来又被拆分成两个大的模块，即Engine.io和Socket.io。

　　早期版本的Socket.io予人口实之处在于其不稳定性。这些版本一开始便试着建立一种高级的连接机制，进而又转向了传统协议。这严重阻碍了Socket.io在生产环境中的部署，也威胁了Socket.io作为一个实时通信类库的存在。为此，Socket.io团队对核心功能进行了重构，并将其划为了一个新模块——Engine.io。

　　Engine.io致力于创建一个更加稳定的实时通信模块，一开始采用的是XHR长轮询，后来转而升级到WebSockets信道连接。新版的Socket.io在Engine.io的基础上，为开发人员提供了诸如事件、房间和自动重连等特性，免去了对这些特性一一实现的烦恼。本章中的例子将采用Socket.io 1.0版，这也是首个使用Engine.io的版本。

　　　　Socket.io 1.0之前的版本，并没有使用新的Engine.io模块。这些版本在生产环境中存在着稳定性问题。

　　在包含Socket.io模块后，该模块将为你提供一个用于服务器端功能的服务器socket对象和一个处理浏览器端功能的客户端socket对象。本章示例将先从服务器对象开始介绍。

## 9.2.1　Socket.io服务器端对象

　　一切都是从Socket.io服务器端对象开始的。首先，需要对Socket.io模块进行包含，然后再用它来创建一个用于和sockets客户端交互的Socket.io服务器实例。服务器端对象既可以作为一个独立的服务器来实现，也可以与Express框架结合。服务器端实例提供了大量用于管理服务器的方法。服务器对象初始化后，还会负责为浏览器提供socket客户端的JavaScript文件。

　　下面是一个简单的Socket.io独立服务器的实现：

```
var io = require('socket.io')();
io.on('connection', function(socket){ /* ... */ });
io.listen(3000);
```

　　上述代码在3000端口上开启了Socket.io服务，并在http://localhost:3000/socket.io/socket.io.js提供了socket客户端JavaScript文件。实现一个Socket.io与Express结合的应用，则与上面略有不同：

```
var app = require('express')();
var server = require('http').Server(app);
var io = require('socket.io')(server);
io.on('connection', function(socket){ /* ... */ });
server.listen(3000);
```

　　这里是首次通过使用Node.js的http模块来封装Express应用。服务器对象传入了Socket.io模块，同时为Express应用和Socket.io服务器提供服务。服务器启动后，socket客户端便可以进行连接。客户端要与Socket.io服务器建立连接，首先便要从初始化握手进程开始。

## 1. 握手

当客户端要连接Socket.io服务器时，首先需要发送一个握手HTTP请求。服务器会分析请求，并收集建立连接所需信息。接下来便是查询中间件配置，看是否有注册到服务器且需要在建立连接之前执行的中间件。客户端连接到服务器后，连接的事件监听器便会开始监听，创建一个新的socket实例。

握手完成后，客户端连接到服务器，socket实例对象则会处理与连接相关的所有内容。比如，下面便是用它来处理客户端的断开事件：

```
var app = require('express')();
var server = require('http').Server(app);
var io = require('socket.io')(server);
io.on('connection', function(socket){
  socket.on('disconnect', function() {
    console.log('user has disconnected');
  });
});
server.listen(3000);
```

其中，socket.on()方法为连接断开事件添加了一个事件处理程序。连接断开事件是一个预定义事件，自定义事件也采用了同样的方法，对此后面的小节中还会涉及。

握手机制虽然是自动的，Socket.io仍通过配置中间件的方式为开发人员提供了拦截握手过程的方法。

## 2. 中间件配置

虽然老版本的Socket.io早已支持配置中间件，但新版本中该配置不仅更为简便，而且还支持在握手之前就对socket通信进行操作。使用服务器端的use()方法即可创建配置中间件，它与Express应用中的use()方法非常相似，如下：

```
var app = require('express')();
var server = require('http').Server(app);
var io = require('socket.io')(server);

io.use(function(socket, next) {
  /* ... */
  next(null, true);
});

io.on('connection', function(socket){
  socket.on('disconnect', function() {
    console.log('user has disconnected');
  });
});

server.listen(3000);
```

上述代码中，`io.use()`方法的回调函数有两个参数：一个`socket`对象，一个`next`回调函数数。`socket`对象和上文中的`socket`对象相同，用于创建连接，并保存着一些连接属性。其中，`socket.request`属性颇为重要，用以代指HTTP握手请求。在后面的小节中，它将用于在握手请求中将Passport的会话信息包含到Socket.io连接内。

作为回调函数，`next`接收两个参数：一个错误对象和一个布尔值。回调函数`next`用于告诉Socket.io是否处理握手过程，因此如果对`next`方法传入一个错误对象，或将布尔值置为`false`，Socket.io便不会处理初始化socket连接。下面我们来好好理解一下握手到底是如何进行的。首先请看Socket.io客户端对象。

## 9.2.2 Socket.io客户端对象

Socket.io客户端对象负责浏览器与Socket.io服务器间的socket通信。首先需要包含由Socket.io服务器提供的Socket.io客户端JavaScript文件。该文件提供了`io()`方法，可用于连接Socket.io服务器并创建客户端socket对象，下面是一个简单的socket客户端的实现：

```
<script src="/socket.io/socket.io.js"></script>

<script>
  var socket = io();
  socket.on('connect', function() {
      /* ... */
  });
</script>
```

上述代码中，需要注意的是Socket.io客户端对象JavaScript文件的默认URL。这个值是可以修改的，也可以如示例那样留空，从默认的Socket.io路径中包含Socket.io客户端JavaScript文件。另一个需要注意的是，当使用空参数执行`io()`方法时，该方法会自动连接到默认的基础路径。当然，也可以通过传入一个服务器URL作为参数。

综上所述，socket客户端的实现的确很简便。接下来的内容将讨论Socket.io是如何通过运用时间来处理实时通信的。

## 9.2.3 Socket.io的事件

为了处理客户端和服务器之间的通信，Soket.io用一个模拟Websockets协议的结构来处理服务器与客户端对象之间的事件消息。主要的事件类型有两种，一种是表示socket连接状态的系统事件，另一种是用于实现业务逻辑的自定义事件。

socket服务器的系统事件如下。

❑ `io.on('connection', ...)`：有新socket连接建立时触发。

**9**

❑ socket.on('message', ...)：当使用socket.send()方法发送完消息后触发。

❑ socket.on('disconnect', ...)：当连接断开时触发。

客户端的系统事件如下。

❑ socket.io.on('open', ...)：当socket客户端开启一个与服务器的新连接时触发。

❑ socket.io.on('connect', ...)：当socket客户端连接到服务器后触发。

❑ socket.io.on('connect_timeout', ...)：当socket客户端与服务器之间的连接超时后触发。

❑ socket.io.on('connect_error', ...)：当socket客户端连接服务器失败时触发。

❑ socket.io.on('reconnect_attempt', ...)：当socket客户端尝试重新连接到服务器时触发。

❑ socket.io.on('reconnect', ...)：当socket客户端重新连接到服务器后触发。

❑ socket.io.on('reconnect_error', ...)：当socket客户端与服务器重连失败后触发。

❑ socket.io.on('reconnect_failed', ...)：当socket客户端与服务器重连失败后触发。

❑ socket.io.on('close', ...)：当socket客户端关闭与服务器的连接后触发。

### 1. 事件处理

系统事件用于连接管理，不过Socket.io真正的魔力在于自定义事件。为了实现事件的自定义，Socket.io针对客户端对象和服务器端对象提供了两个方法。一个是用于绑定事件和事件处理程序的on()方法，另一个是用于在服务器和客户端触发事件的emit()方法。

在socket服务器上使用on()方法的示例如下：

```
var app = require('express')();
var server = require('http').Server(app);
var io = require('socket.io')(server);

io.on('connection', function(socket){
  socket.on('customEvent', function(customEventData) {
    /* ... */
  });
});

server.listen(3000);
```

上述代码向服务器的监听器上绑定了customEvent事件。当socket客户端对象触发了customEvent事件后，该事件处理程序便会执行。注意，这里事件处理程序接受的customEventData参数，是由socket客户端对象传过来的。

```
<script src="/socket.io/socket.io.js"></script>

<script>
  var socket = io();
```

```
socket.on('customEvent', function(customEventData) {
  /* ... */
});
</script>
```

而在这段代码中，当socket服务器触发customEvent事件后，socket客户端事件处理程序便会执行，并接收到服务器端传来的customEventData。

事件处理程序设置好后，便可以用emit()方法在socket服务器和socket客户端之间双向发送事件。

### 2. 事件触发

socket服务器中，emit()方法是用于向连接着的单个或者一组socket客户端发送事件。通过socket对象即可调用emit()方法，下面的代码可以向单个socket客户端发送事件：

```
io.on('connection', function(socket){
  socket.emit('customEvent', customEventData);
});
```

当然，也可以通过io对象调用emit()方法，这样便可以向所有连接着的客户端发送事件，如下：

```
io.on('connection', function(socket){
  io.emit('customEvent', customEventData);
});
```

此外，还可以通过使用broadcast属性给除当前连接外的所有连接的socket客户端发送事件，如下所示：

```
io.on('connection', function(socket){
  socket.broadcast.emit('customEvent', customEventData);
});
```

在客户端触发事件就比较简单了，由于socket客户端只连接了一个socket服务器，因此emit()便只能向socket服务器发送事件，如下：

```
var socket = io();
socket.emit('customEvent', customEventData);
```

上述方法可以让开发人员在单独或者全局事件间做自主切换，但这些方法都无法向socket客户端群组发送事件。为将多个socket客户端组合起来，Socket.io提供了以下两个方法：命名空间和房间。

### 9.2.4  Socket.io命名空间

为了便于对socket进行管理，Socket.io提供了根据目的对socket连接进行划分的命名空间。因此要对不同的连接点进行不同管理，并不需要创建多个socket服务器实例，只需要一个服务器实例即可。通过命名空间便可对socket通信分组，并逐一处理。

**1. 服务器端命名空间**

通过socket服务器的of()方法，便可创建一个socket命名空间。一旦有了命名空间，便可以像使用socket服务器对象一样使用它。

```
var app = require('express')();
var server = require('http').Server(app);
var io = require('socket.io')(server);

io.of('/someNamespace').on('connection', function(socket){
  socket.on('customEvent', function(customEventData) {
    /* ... */
  });
});

io.of('/someOtherNamespace').on('connection', function(socket){
  socket.on('customEvent', function(customEventData) {
    /* ... */
  });
});

server.listen(3000);
```

当客户端直接使用io对象时，实际使用的便是空命名空间。如下所示：

```
io.on('connection', function(socket){
/* ... */
});
```

上述代码等价于：

```
io.of('').on('connection', function(socket){
/* ... */
});
```

**2. 客户端命名空间**

在socket客户端，命名空间的使用稍有不同：

```
<script src="/socket.io/socket.io.js"></script>

<script>
  var someSocket = io('/someNamespace');
  someSocket.on('customEvent', function(customEventData) {
    /* ... */
```

```
    });

    var someOtherSocket = io('/someOtherNamespace');
    someOtherSocket.on('customEvent', function(customEventData) {
        /* ... */
    });
</script>
```

如上述代码所示，多个命名空间可以被轻松地放在同一个应用内使用。不过，一旦socket连接到了不同的命名空间，是不能同时向多个命名空间发送事件的。这就意味着，命名空间并不适合动态分组的逻辑，为此，Socket.io提供了房间这个功能。

## 9.2.5 Socket.io的房间

通过Socket.io的房间功能，便可以动态的方式对已连接的socket进行分组。socket连接可以加入或者离开房间，除此之外，Socket.io还提供了简洁的接口来管理房间，还可对房间中的一部分socket连接触发事件。房间功能单由socket服务器处理，但也可以将功能通过接口提供给socket客户端。

### 1. 加入与离开

加入房间由socket的join()方法处理，离开房间由socket的leave()方法处理。下面的代码便实现了一个简单的订阅机制：

```
io.on('connection', function(socket) {
    socket.on('join', function(roomData) {
        socket.join(roomData.roomName);
    })
    socket.on('leave', function(roomData) {
        socket.leave(roomData.roomName);
    })
});
```

join()方法和leave()方法均需要将房间名字作为参数传入。

### 2. 房间中的事件触发

若要对房间内的所有socket触发事件，使用in()方法即可。可以借助下面的代码段来轻松完成：

```
io.on('connection', function(socket){
    io.in('someRoom').emit('customEvent', customEventData);
});
```

除此之外，还可以向除某个socket客户端外的其他所有加入当前房间的客户端发送事件。只需使用被排除的socket的broadcast属性以及to()方法即可，如下所示：

9

```
io.on('connection', function(socket){
    socket.broadcast.to('someRoom').emit('customEvent',customEventData);
});
```

以上涵盖了Socket.io简单而又强大的功能。下一节中，将学习如何在MEAN应用中实现Socket.io，其中较为重要的一点在于，如何利用Passport的会话在Socket.io会话中鉴别用户。本章中的示例程序依然是基于前面的内容中的，因此，直接复制第9章中示例程序代码最终版即可。

上述内容已经介绍了Socket.io的大部分功能。你也可以通过访问Socket.io的官网（http://socket.io）进一步了解。

## 9.3  Socket.io 的安装

在使用Socket.io模块之前，依然需要通过npm进行安装。修改package.json的内容如下：

```
{
    "name": "MEAN",
    "version": "0.0.9",
    "dependencies": {
        "express": "~4.8.8",
        "morgan": "~1.3.0",
        "compression": "~1.0.11",
        "body-parser": "~1.8.0",
        "method-override": "~2.2.0",
        "express-session": "~1.7.6",
        "ejs": "~1.0.0",
        "connect-flash": "~0.1.1",
        "mongoose": "~3.8.15",
        "passport": "~0.2.1",
        "passport-local": "~1.0.0",
        "passport-facebook": "~1.0.3",
        "passport-twitter": "~1.0.2",
        "passport-google-oauth": "~0.1.5",
        "socket.io": "~1.1.0"
    }
}
```

在命令行中进入应用的根目录，执行下面的命令来安装Socket.io模块：

```
$ npm install
```

这便可以将指定版本的Socket.io安装到node_models文件夹中。安装执行完成后，需要对Express应用进行配置，使其能与Socket.io结合在一起，以便同时启动Express服务器和socket服务器。

### 9.3.1　配置Socket.io的服务器

　　Socket.io模块安装完成后，接下来便要将socket服务器与Express应用结合在一起。先修改config/express.js文件如下：

```
var config = require('./config'),
  http = require('http'),
  socketio = require('socket.io'),
  express = require('express'),
  morgan = require('morgan'),
  compress = require('compression'),
  bodyParser = require('body-parser'),
  methodOverride = require('method-override'),
  session = require('express-session'),
  flash = require('connect-flash'),
  passport = require('passport');

module.exports = function() {
  var app = express();
    var server = http.createServer(app);
    var io = socketio.listen(server);

  if (process.env.NODE_ENV === 'development') {
    app.use(morgan('dev'));
  } else if (process.env.NODE_ENV === 'production') {
    app.use(compress());
  }

  app.use(bodyParser.urlencoded({
    extended: true
  }));
  app.use(bodyParser.json());
  app.use(methodOverride());

  app.use(session({
    saveUninitialized: true,
    resave: true,
    secret: config.sessionSecret
  }));

  app.set('views', './app/views');
  app.set('view engine', 'ejs');

  app.use(flash());
  app.use(passport.initialize());
  app.use(passport.session());

  require('../app/routes/index.server.routes.js')(app);
  require('../app/routes/users.server.routes.js')(app);
  require('../app/routes/articles.server.routes.js')(app);

  app.use(express.static('./public'));
```

**9**

```
    return server;
};
```

让我们逐一看看上面对Express配置所做的修改。首先，上述修改添加了新的依赖，接着用核心模块http创建的server对象来包装Express的app对象。然后使用socket.io模块的listen()方法将Socket.io服务器附加给server对象。最后用新的server对象取代了以前返回的Experss应用对象。当服务器启动时，Socket.io服务器便会同Express应用一同启动。

通过上述操作，虽然已经可以直接使用Socket.io，但这样就要面对一个问题。由于Socket.io是一个独立的模块，发给它的请求与Express应用没有任何关系。也就是说没办法在socket连接中使用Express会话。这便产生了一个严重的问题，无法在应用的socket层中使用Passport来进行身份验证。为此，需要配置一个持久的会话存储，以便在Socket的握手请求中访问Express的会话信息。

## 9.3.2   配置Socket.io的会话

要配置Socket.io会话来结合Express会话共同工作，首先需要找到在Express和Socket.io间共享会话信息的办法。由于Express会话信息现在都是存储在内存中，所以Socket.io无法对其进行访问。因此，更好的办法是将会话信息保存在MongoDB中。好在已经有一个名为connect-mongo的Node模块可以将会话信息几乎无缝地存储在MongoDB实例中。要访问Express的会话信息，只需要解析已登录会话数据即可。为此，还需要安装cookie-parser模块，用以解析cookie头，并用cookie相关的属性来填充HTTP请求对象。

### 1. 安装connect-mongo和cookie-parser模块

在使用connect-mongo和cookie-parser模块之前，需要先通过npm进行安装，修改package.json如下：

```
{
  "name": "MEAN",
  "version": "0.0.9",
  "dependencies": {
    "express": "~4.8.8",
    "morgan": "~1.3.0",
    "compression": "~1.0.11",
    "body-parser": "~1.8.0",
    "method-override": "~2.2.0",
    "express-session": "~1.7.6",
    "ejs": "~1.0.0",
    "connect-flash": "~0.1.1",
    "mongoose": "~3.8.15",
    "passport": "~0.2.1",
    "passport-local": "~1.0.0",
    "passport-facebook": "~1.0.3",
    "passport-twitter": "~1.0.2",
    "passport-google-oauth": "~0.1.5",
```

```
    "socket.io": "~1.1.0",
    "connect-mongo": "~0.4.1",
    "cookie-parser": "~1.3.3"
  }
}
```

使用命令行工具进入应用的根目录，执行如下的命令来完成安装：

```
$ npm install
```

这便可以将指定版本的connect-mongo和cookie-parser模块安装到node_models文件夹。安装完成后，便可以配置Express应用将connect-mongo作为会话存储使用。

### 2. 配置connect-mongo

要配置Express应用将connect-mongo模块作为会话数据存储，需要做几方面的修改。第一步，先修改config/express.js如下：

```
var config = require('./config'),
  http = require('http'),
  socketio = require('socket.io'),
  express = require('express'),
  morgan = require('morgan'),
  compress = require('compression'),
  bodyParser = require('body-parser'),
  methodOverride = require('method-override'),
  session = require('express-session'),
  MongoStore = require('connect-mongo')(session),
  flash = require('connect-flash'),
  passport = require('passport');

module.exports = function(db) {
  var app = express();
  var server = http.createServer(app);
  var io = socketio.listen(server);

  if (process.env.NODE_ENV === 'development') {
    app.use(morgan('dev'));
  } else if (process.env.NODE_ENV === 'production') {
    app.use(compress());
  }

  app.use(bodyParser.urlencoded({
    extended: true
  }));
  app.use(bodyParser.json());
  app.use(methodOverride());

  var mongoStore = new MongoStore({
    db: db.connection.db
  });
```

```
app.use(session({
  saveUninitialized: true,
  resave: true,
  secret: config.sessionSecret,
  store: mongoStore
}));

app.set('views', './app/views');
app.set('view engine', 'ejs');

app.use(flash());
app.use(passport.initialize());
app.use(passport.session());

require('../app/routes/index.server.routes.js')(app);
require('../app/routes/users.server.routes.js')(app);
require('../app/routes/articles.server.routes.js')(app);

app.use(express.static('./public'));

return server;
};
```

上述代码完成了几方面的配置。首先加载了connect-mongo模块，并为其传入了Express会话模块。接着创建了connect-mongo模块的实例，并向其传入了Mongoose的连接对象。最后，通过Express会话存储选项告诉Express会话模块会话信息的存储位置。

上述代码中，Express的配置方法中包含了一个Mongoose连接对象db参数。该参数是在server.js文件中引入express.js时传入给Express配置方法的。修改server.js文件如下：

```
process.env.NODE_ENV = process.env.NODE_ENV || 'development';

var mongoose = require('./config/mongoose'),
  express = require('./config/express'),
  passport = require('./config/passport');

var db = mongoose();
var app = express(db);
var passport = passport();
app.listen(3000);

module.exports = app;

console.log('Server running at http://localhost:3000/');
```

一旦Mongoose连接创建完成，server.js文件便会调用express.js的模块方法，并为其传入Mongoose数据库连接属性。通过这种方法，Express将会话信息持久化存储到MongoDB数据库中，这样便可供Socket.io会话进行访问。接下来需要对Socket.io的握手中间件进行配置，使其可以通过cookie-parser模块和connect-mongo模块获取Express的会话数据。

### 3. 配置Socket.io的会话

要配置Socket.io的会话，需要用到Socket.io的配置中间件来检查用户的会话信息。在config文件夹中创建一个名为socketio.js的文件，用于存储所有的Socket.io相关配置，文件内容如下：

```
var config = require('./config'),
  cookieParser = require('cookie-parser'),
  passport = require('passport');

module.exports = function(server, io, mongoStore) {
  io.use(function(socket, next) {
    cookieParser(config.sessionSecret)(socket.request, {}, function(err) {
      var sessionId = socket.request.signedCookies['connect.sid'];

      mongoStore.get(sessionId, function(err, session) {
        socket.request.session = session;

        passport.initialize()(socket.request, {}, function() {
          passport.session()(socket.request, {}, function() {
            if (socket.request.user) {
              next(null, true);
            } else {
              next(new Error('User is not authenticated'), false);
            }
          })
        });
      });
    });
  });

  io.on('connection', function(socket) {
/* ... */
  });
};
```

该配置文件中，首先添加了一些依赖，接着使用配置方法`io.use()`中断了握手过程。在配置函数中，使用Express的`cookie-parser`模块解析握手请求的cookie，并获取对应的Express中的`sessionId`，然后用`connect-mongo`的实例从MongoDB存储中检索会话信息。一旦获取到会话对象，便使用`passport.initialize()`和`passport.session()`中间件根据会话信息来填充会话的user对象。如果用户通过了身份验证，握手中间件便会执行回调函数`next()`，继续执行socket的初始化过程。否则该握手中间件便会执行`next()`通知Socket.io不要打开这一连接。换言之，只有通过身份验证的用户才可以与服务器的socket通信，以防止非法用户与Socket.io服务器建立连接。

Socket.io服务器的配置并没有完成，还需要在express.js文件中调用Socket.io的配置模块。打开express.js文件，在返回`server`对象之前，加入如下代码：

```
require('./socketio')(server, io, mongoStore);
```

接下来便可以执行Socket.io的配置中间件，并完成Socket.io的会话设置了。这样，所有的配置便都完成了。接下来请看如何使用Socket.io和MEAN来创建简单的聊天室。

## 9.4 使用 Socket.io 创建聊天室

下面通过创建一个简单的聊天室，来学习Socket.io实时通信应用的实现。聊天室由一些服务器端的事件处理程序构成，但大多数的实现是在AngularJS应用中完成的。首先请从服务器端的事件处理程序开始。

### 9.4.1 设置聊天服务器的事件处理程序

在AngularJS应用中实现聊天客户端之前，首先需要创建一些服务器端的事件处理程序。由于程序的主要框架已经完成，因此便不能直接把事件处理程序写在配置文件中，聊天逻辑最好是在单独的文件中实现。在app/controllers/中创建名为chat.server.controller.js的新文件，用于存储服务器端的聊天室控制器，代码如下：

```
module.exports = function(io, socket) {
  io.emit('chatMessage', {
    type: 'status',
    text: 'connected',
    created: Date.now(),
    username: socket.request.user.username
  });

  socket.on('chatMessage', function(message) {
    message.type = 'message';
    message.created = Date.now();
    message.username = socket.request.user.username;

    io.emit('chatMessage', message);
  });

  socket.on('disconnect', function() {
    io.emit('chatMessage', {
    type: 'status',
    text: 'disconnected',
    created: Date.now(),
    username: socket.request.user.username
    });
  });
};
```

上述文件将实现如下几个操作：首先，通过`io.emit()`方法向所有已连接的socket客户端发出新用户加入的通知。该操作是由通过触发`chatMessage`事件来完成的，然后向其传入了一个名为message的对象，该对象包括用户信息、消息体（`message.text`）、时间（`message.created`）

和类型（`message.type`）。在socket服务器的配置中，已经实现了对用户身份的验证，因此通过`socket.request.user`即可获取用户信息。

接下来实现`chatMessage`事件处理程序。该函数负责处理由socket客户端发过来的消息。事件处理程序收到客户端发来的消息后，会添加消息类型、用户信息，然后再通过`io.emit()`方法发送给所有已连接到服务器的socket客户端。

最后一个实现的也是事件处理程序，该程序负责处理系统事件`disconnect`。当某个用户与服务器之间的连接断开后，该事件处理程序便通过`io.emit()`方法通知所有已连接的socket客户端。这便可以在聊天界面中显示出有人断开连接的信息。

服务器端的处理程序的实现便完成了，但还需要将其加入socket服务器的配置文件中。编辑`config/socketio.js`文件，修改如下：

```javascript
var config = require('./config'),
  cookieParser = require('cookie-parser'),
  passport = require('passport');

module.exports = function(server, io, mongoStore) {
  io.use(function(socket, next) {
    cookieParser(config.sessionSecret)(socket.request, {}, function(err) {
      var sessionId = socket.request.signedCookies['connect.sid'];

      mongoStore.get(sessionId, function(err, session) {
        socket.request.session = session;

        passport.initialize()(socket.request, {}, function() {
          passport.session()(socket.request, {}, function() {
            if (socket.request.user) {
              next(null, true);
            } else {
              next(new Error('User is not authenticated'), false);
            }
          })
        });
      });
    });
  });

  io.on('connection', function(socket) {
    require('../app/controllers/chat.server.controller')(io, socket);
  });
};
```

上述代码将通过socket服务器的`connection`事件来加载聊天室控制器，这便可以将事件处理程序绑定到与服务器连接的socket上。

到此，服务器端的实现便完成了。接下来，便要在AngularJS应用中实现聊天相关的功能，首先从AngularJS的聊天服务开始。

## 9.4.2　在AngularJS中创建Socket服务

使用Socket.io客户端方法创建与socket服务器的连接后，会返回一个socket客户端实例，利用它便可以实现与服务器间的通信。由于使用JavaScript全局对象并非上策，因此可以利用AngularJS服务的单例体系结构来封装socket客户端。

首先，创建模块文件夹public/chat，然后进入新建的文件夹，创建初始化文件chat.client.module.js，并为其输入如下代码：

```
angular.module('chat', []);
```

然后创建public/chat/services文件夹，用来放置AngularJS socket服务。进入新创建的文件夹，创建chat.client.service.js文件，并为其输入如下代码：

```
angular.module('chat').service('Socket', ['Authentication', '$location', '$timeout',
  function(Authentication, $location, $timeout) {
    if (Authentication.user) {
      this.socket = io();
    } else {
      $location.path('/');
    }

    this.on = function(eventName, callback) {
      if (this.socket) {
        this.socket.on(eventName, function(data) {
          $timeout(function() {
            callback(data);
          });
        });
      }
    };

    this.emit = function(eventName, data) {
      if (this.socket) {
        this.socket.emit(eventName, data);
      }
    };

    this.removeListener = function(eventName) {
      if (this.socket) {
        this.socket.removeListener(eventName);
      }
    };
  }
]);
```

来看看这段代码。创建chat服务时，注入了多个对象和服务。上述代码使用Authentication服务检查了用户是否是登录过的，如果没有则使用$location服务跳转到主页。由于AngularJS服务是延迟加载的，因此Socket服务只有在请求时才加载，这样可以防止未验证的用户使用Socket

服务。如果用户通过了身份验证，Socket服务便可通过调用Socket.io的io()方法来设置其socket属性。

接下来为服务封装了emit()、on()和removeListener()方法。其中on()最需要注意，该方法使用了AngularJS中的一个小技巧——$timeout服务。这里需要解决的一个重要问题是，AngularJS的双向数据绑定只支持在框架内执行的方法。因此，除非将第三方的事件通知给AngularJS编译器，否则AngularJS编译器无法获知这些事件在数据模型中带来的变化。在这个聊天室中，集成到服务的socket客户端是一个第三方库，因此任何来自socket客户端的事件都不会触发AngularJS的绑定操作。为了解决这一问题，可以借助$apply方法和$digest方法。但这又常会导致另外一个错误，即上一个$digest还没执行完，下一个又开始执行了。一个比较好的解决方案是使用$timeout()。$timeout()服务是window.setTimeout()方法的AngularJS封装，因此直接调用$timeout()方法，不需要传入timeout参数，便可解决绑定问题，同时也不影响用户体验。

Socket服务完成后，接着要实现的便是客户端聊天室控制器和视图，首先需要完成聊天室控制器部分。

### 9.4.3 控制器

聊天室控制器主要用来实现AngularJS的聊天功能。为创建聊天控制器，首先创建public/chat/controllers文件夹，然后在其中创建chat.client.controler.js文件，然后为其输入如下代码：

```
angular.module('chat').controller('ChatController', ['$scope', 'Socket',
  function($scope, Socket) {
    $scope.messages = [];
    Socket.on('chatMessage', function(message) {
      $scope.messages.push(message);
    });

    $scope.sendMessage = function() {
      var message = {
        text: this.messageText,
      };

      Socket.emit('chatMessage', message);

      this.messageText = '';
    }

    $scope.$on('$destroy', function() {
      Socket.removeListener('chatMessage');
    })
  }
]);
```

在控制器中，首先创建了一个历史消息数组，实现了 `chatMessage` 事件的监听器，该监听器用于把获得的消息加入历史消息数组中。接着创建了 `sendMessage()` 方法，该方法通过触发 `chatMessage` 事件将新的消息发送给 socket 服务器。最后，使用了 AngularJS 内置的 `$destroy` 事件，它会在销毁控制器时触发，用来删除 socket 客户端的 `chatMessage` 事件监听器。该操作非常重要，因为如果不删除 `chatMessage` 事件监听器，事件处理程序会一直执行。

### 9.4.4　视图

聊天室视图由一个简单的表单和聊天历史消息列表构成。为保存聊天室视图，首先创建 public/chat/views 文件夹，进入新创建的文件夹，在其中创建 chat.client.view.html 文件，代码如下：

```
<section data-ng-controller="ChatController">
  <div data-ng-repeat="message in messages" data-ng-switch="message.type">
    <strong data-ng-switch-when='status'>
      <span data-ng-bind="message.created | date:'mediumTime'"></span>
      <span data-ng-bind="message.username"></span>
      <span>is</span>
      <span data-ng-bind="message.text"></span>
    </strong>
    <span data-ng-switch-default>
      <span data-ng-bind="message.created | date:'mediumTime'"></span>
      <span data-ng-bind="message.username"></span>
      <span>:</span>
      <span data-ng-bind="message.text"></span>
    </span>
  </div>
  <form ng-submit="sendMessage();">
    <input type="text" data-ng-model="messageText">
    <input type="submit">
  </form>
</section>
```

在视图中，`ng-repeat` 指令被用来填充消息列表，`ng-switch` 指令被用来分别显示状态消息和普通消息。同时，AngularJS 的 data 过滤器将准确地显示时间。视图的最后，有一个使用了 `ng-submit` 指令的简单表单，该表单提交时会调用 `sendMessage()` 方法。下一步，需要添加一个路由，来控制视图的显示。

### 9.4.5　路由

新的视图创建好以后，需要为其添加对应的路由，它才能够正常地显示出来。创建 public/chat/config 文件夹，然后在新的文件夹中创建 chat.client.routes.js 文件，并为其输入如下代码：

```
angular.module('chat').config(['$routeProvider',
  function($routeProvider) {
    $routeProvider.
```

```
  when('/chat', {
    templateUrl: 'chat/views/chat.client.view.html'
  });
}
]);
```

路由的代码已经再熟悉不过了，这里就不再解读了。最后来完成聊天室实现的最后一步。

## 9.4.6 实现

上文中已经新建了多个文件，包括Socket.io的客户端包文件，都需要添加到应用的主页面中。编辑app/views/index.ejs文件，修改如下：

```
<!DOCTYPE html>
<html xmlns:ng="http://angularjs.org">
  <head>
    <title><%= title %></title>
  </head>
  <body>
    <section ng-view></section>

    <script type="text/javascript">
      window.user = <%- user || 'null' %>;
    </script>

    <script type="text/javascript" src="/socket.io/socket.io.js"></script>
    <script type="text/javascript" src="/lib/angular/angular.js"></script>
    <script type="text/javascript" src="/lib/angular-route/angularroute.js"></script>
    <script type="text/javascript" src="/lib/angular-resource/angularresource.js">
</script>

    <script type="text/javascript" src="/articles/articles.client.module.js">
</script>
    <script type="text/javascript" src="/articles/controllers/articles.client.
controller.js"></script>
    <script type="text/javascript" src="/articles/services/articles.client.
service.js"></script>
    <script type="text/javascript" src="/articles/config/articles.client.routes.
js"></script>

    <script type="text/javascript" src="/example/example.client.
module.js"></script>
    <script type="text/javascript" src="/example/controllers/example.
client.controller.js"></script>
    <script type="text/javascript" src="/example/config/example.client.routes.js">
</script>

    <script type="text/javascript" src="/users/users.client.module.js"></script>
    <script type="text/javascript" src="/users/services/authentication.client.
service.js"></script>
```

```
    <script type="text/javascript" src="/chat/chat.client.module.js"></script>
    <script type="text/javascript" src="/chat/services/socket.client.service.js">
</script>
    <script type="text/javascript" src="/chat/controllers/chat.client.controller.
js"></script>
    <script type="text/javascript" src="/chat/config/chat.client.routes.js">
</script>

    <script type="text/javascript" src="/application.js"></script>
  </body>
</html>
```

请注意，上面的代码把Socket.io库文件放在JavaScript文件包含最开始的位置。一般最好是在应用本身的JavaScript文件之前引用第三方的库文件。接着，修改public/application.js文件中，引用新添加的chat模块，如下：

```
var mainApplicationModuleName = 'mean';

var mainApplicationModule = angular.module(mainApplicationModuleName,
['ngResource', 'ngRoute', 'users', 'example', 'articles', 'chat']);

mainApplicationModule.config(['$locationProvider',
  function($locationProvider) {
    $locationProvider.hashPrefix('!');
  }
]);

if (window.location.hash === '#_=_') window.location.hash = '#!';

angular.element(document).ready(function() {
  angular.bootstrap(document, [mainApplicationModuleName]);
});
```

最后，在首页中添加一个聊天室的链接，修改public/example/views/example.client.view.js如下：

```
<section ng-controller="ExampleController">
  <div data-ng-show="!authentication.user">
    <a href="/signup">Signup</a>
    <a href="/signin">Signin</a>
  </div>
  <div data-ng-show="authentication.user">
    <h1>Hello <span data-ng-bind="authentication.user.fullName"></span></h1>
    <a href="/signout">Signout</a>
    <ul>
      <li><a href="/#!/chat">Chat</a></li>
      <li><a href="/#!/articles">List Articles</a></li>
      <li><a href="/#!/articles/create">Create Article</a></li>
    </ul>
  </div>
</section>
```

做完这些修改，聊天室就完成了。使用命令行工具进入MEAN应用的根目录，用下面的命令运行应用：

```
$ node server
```

应用启动后，使用两个浏览器，用不同的用户进行登录，再进入http://localhost:3000/#!/chat，分别在两个浏览器发送几个消息试试。可以发现聊天记录是实时更新的，示例MEAN应用已经支持浏览器与服务器间的实时通信。

## 9.5　总结

本章介绍了Socket.io模块是如何工作的。首先阐释了Socket.io的主要特性以及客户端和服务器端的通信方式，然后介绍了Socket.io的配置及与Express应用的集成，其中包括了Socket.io的握手配置及与Passport会话的集成。最后，演示了如何创建一个功能完整的聊天室，以及怎样使用AngularJS服务来封装Socket.io客户端。下一章将介绍如何编写和执行覆盖MEAN应用代码的测试。

9

# 第 10 章

# MEAN应用的测试

在前面的内容中，我们讲述了如何创建实时的MEAN应用，并介绍了Express和AngularJS的基本知识，以及如何结合使用这些部分。但随着应用的不断开发，功能逐渐变多，逻辑愈发复杂，人工检查代码将会变得越来越困难。这时，最需要的是应用测试的自动化。Web应用的测试，一度是非常麻烦的，但随着一些新的测试工具和相应的测试框架的出现，测试工作大幅简化。本章将介绍如何使用现代化的测试框架和主流的测试工具实现覆盖MEAN应用代码的测试。主要内容包括：

❑ JavaScript的TDD和BDD测试简介
❑ 配置测试环境
❑ 安装和配置Mocha测试框架
❑ 编写针对Express模块和控制器的测试
❑ 安装和配置测试执行过程管理工具Karma
❑ 使用Jasmine执行AngularJS实体的单元测试
❑ 编写和运行端到端（E2E）AngularJS测试

## 10.1　JavaScript 测试简介

众所周知，在过去的几年里，JavaScript的地位发生了戏剧性的变化。它曾经只是一个编写Web应用的简单脚本语言，不过现在无论是在浏览器端还是在服务器端，JavaScript都已成为这套复杂体系结构的主干。但是，这也使得开发人员不得不手工去管理缺乏必要自动化测试的庞大代码库。Java、.NET和Ruby的开发人员早已能编写和执行保证安全性和稳定性的测试，JavaScript开发人员在完善测试应用方面，依然处于"无人荒野"般的境地。直到不久前，这一空白才由来自JavaScript社区的天才们开发的新工具和测试框架所填补。本章将介绍一些主流的工具。但要注意的是，JavaScript测试依然是一个崭新的领域，很多都在持续不断地改进，有不少新的解决方案都值得关注。

本章将主要讨论以下两类测试：单元测试和E2E测试。单元测试用于验证一段相对独立的代码。这使开发人员要力求对覆盖应用最小的可测试部分逐一编写单元测试。例如，如果要对一个

ORM（Object-Relational Mapping，对象关系映射）编写单元测试，不仅要对数据的验证编写测试，还要给出对应的验证错误作为输出。因此，开发人员常常选择较大的、处理独立操作的代码单元编写单元测试。如果要针对包含多个软件组件的混合代码进行测试，就需要用到E2E测试了。E2E用来编写对跨应用的功能进行验证的测试，一般都要求开发人员使用多个工具，并横跨应用的多个部分，比如像UI、服务器端和数据库组件等。其中，使用E2E测试来验证注册流程就是一个典型的例子。针对应用编写合适的测试方案中的关键步骤是识别正确的测试。不管怎样，为开发团队设立合理的约定将会使测试容易得多。

在开始讨论具体的JavaScript测试工具之前，我们首先来简单了解一下对日常开发具有重要影响的TDD模式。

## 10.1.1　TDD、BDD和单元测试

TDD（Test-Driven Development，测试驱动开发）是由软件工程师，敏捷开发的倡导者Kent Beck提出的。根据TDD理论，开发流程始于测试编写（最初失败），并根据独立代码的预期，开始定义需求。接着开发人员用最少的代码量来执行并通过测试。当测试通过后，再回头整理代码，并逐一验证测试。下图展示了TDD的开发周期。

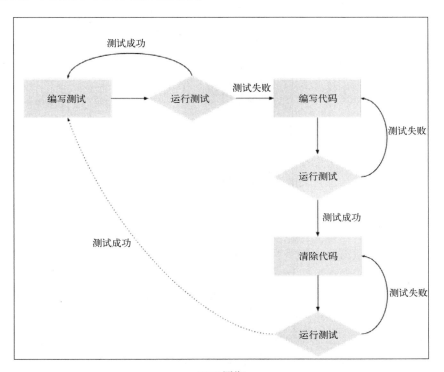

TDD周期

有一点需要明确，虽然TDD是现代软件开发中一个很流行的方法，但单纯靠它是难以满足项目需求的。为了简化流程，提升团队的沟通，在TDD基础上产生了BDD（Behavior-Driven Development，行为驱动开发）。这一方法由Dan North提出，用于帮助开发人员确定单元测试的边界，并利用行为术语来表达测试流程。BDD范式是TDD的一个子集。简单地说，TDD提供了测试编写的大体要领，BDD提供编写测试的具体术语。通常情况下，BDD测试框架都提供了很多容易理解的方法来描述测试流程。

虽然BDD提供了整套的测试编写机制，但在JavaScript环境中执行这些测试依旧很麻烦。应用在不同的浏览器，甚至同一浏览器的不同版本上，出现的问题都可能不一样。因此，单为一个浏览器编写测试，并不能为代码质量提供足够的保证。为了解决这个问题，JavaScript社区开发了大量用于编写、评估和执行测试的工具。

## 10.1.2    测试框架

虽然通过自定义的库便可以编写测试，不过我们很快就会发现，编写一个如此复杂的基础工具，一来工作量难以计量，二来好像也没必要。一些可敬的人们已经为这一问题付出了大量的努力，开发出了多个主流的测试框架，帮助开发人员更简便地编写结构化的测试。这些测试框架一般都提供了大量用于封装测试的方法，同样还提供了一些API，用于运行测试，以及将测试结果集成到开发工作中的其他工具中。

## 10.1.3    断言库

测试框架为开发人员提供了开发和组织测试的方法，但在实际测试中，这些框架往往都缺少对测试结果进行逻辑判断的功能。比如说下一节中将要介绍的Mocha测试框架，该框架就不提供断言工具。为此，社区开发了一些断言库，以便检查某些断言。在测试语境中，开发人员通过使用断言表达式来确定一个断言结果是否为真。在运行测试时，由断言来评估测试结果，要是结果为false，那就表明测试的结果为失败。

## 10.1.4    测试执行过程管理工具

开发人员借助测试执行过程管理工具，可以更简便地执行和评估测试。一个测试执行过程管理工具一般都使用某一个测试框架及一套预先配置好的设置，在不同的语境中评估测试结果。比如，测试执行过程管理工具可配置不同的环境变量来执行测试，或在不同的测试平台（一般是不同的浏览器）执行某一测试。在AngularJS测试部分，将会介绍两个不同的测试执行过程管理工具。

上述内容对一些测试术语做了简明的介绍，接下来的内容将阐述如何对MEAN应用的各部分进行测试。虽然该应用都是用JavaScript编写的，但它的各个部分其实都运行于不同的平台之上，而且其对应的应用场景也不尽相同。为了简化这一测试流程，我们将其分为两个部分：Express组件测试和AngularJS组件测试。先来看看Express应用组件的测试。

## 10.2　Express 应用测试

在MEAN应用的Express部分中，大部分应用逻辑都封装在控制器中。但Mongoose的模型也承担了部分工作，比如数据的操作和验证。因此，要合理地覆盖Express应用的代码，就需要同时针对模型和控制器来编写相应的测试。为此，可以将Mocha做为测试框架，将Should.js断言库做为测试模型，将SuperTest HTTP断言库做为测试控制器。为了给测试提供一些特殊的测试配置选项，还需要创建一个测试环境配置文件，如MongoDB专用的连接字符串等。在本部分的结尾，你将会学习如何使用Mocha的命令行工具来执行和评估测试结果。首先，请了解一下Mocha测试框架。

### 10.2.1　Mocha简介

Mocha是由Express的作者TJ Holowaychuk开发的通用测试框架。它支持TDD和BDD单元测试，使用Node.js执行测试，且支持同步和异步代码的测试。Mocha遵循了Node.js的扩展开发理念，并没有内置断言库。不过它支持与主流断言框架的集成。Mocha有多个不同的报告生成器，支持输出多种格式的测试结果，还支持像暂停测试、排除测试和空白测试。Mocha的使用主要是通过命令行工具实现的。通过命令行工具，可以对测试及其对应的生成报告进行配置。

Mocha测试的BDD接口包括多个描述方法，测试人员可以利用这些方法对测试场景进行描述。上述方法如下。

- describe(description, callback)：将测试集利用描述进行封装的基本方法，回调函数用于定义测试指标和测试子集。
- it(description, callback)：将测试指标利用描述进行封装的基本方法，回调函数用于定义实际的测试逻辑。
- before(callback)：勾子函数，会在测试集运行之前执行一次。
- beforeEach(callback)：勾子函数，与before(callback)的区别在于，它会在每个测试指标运行之前都执行一次。
- after(callback)：勾子函数，会在测试集运行完成之后执行一次。
- afterEach(callback)：勾子函数，与after(callback)的区别在于，它会在每个测试指标运行之后都执行一次。

通过这些方法，便可以遵循BDD范式对单元测试进行定义。不过，任何测试都需要通过判定目标代码的测试结果是否符合开发人员的预期，从而得出对应的测试结论。但如果没有断言表达式，将无法对代码预期进行判定。因此，为了对测试结果进行认定，就需要用到断言库。

**10**

了解更多关于Mocha功能的相关信息，请参阅http://mochajs.org。

## 10.2.2 Should.js简介

Should.js库同样由TJ Holowaychuk开发，旨在帮助开发人员编写兼具可读性和功能性的验证表达式。使用Should.js，不仅可以更好地组织代码测试，还可输出有用的错误信息。Should.js库通过一个隐藏的getter对`Object.prototype`进行扩展，以便测试人员对某一对象的具体代码行为进行设定。Should.js其中一个强大的特性是每个断言都会被封装为对象，因此可用链式方式组织断言。由此便可以针对测试对象编写可读性更强的表达式对断言进行更好地描述。比如像下面这样的链式断言表达式：

```
user.should.be.an.Object.and.have.property('name', 'tj');
```

 注意，每一个扩展属性都会返回一个Should.js对象，这样便可以与另一个扩展属性（如be、an和have等）或断言属性或方法（`Object.property()`）链接起来。了解更多关于Should.js功能的相关信息，请参阅https://github.com/shouldjs/should.js中的官方文档。

虽然Should.js在测试对象这方面做得非常不错，但它并不能用来测试HTTP服务端请求。为此，这里需要借助其他类型的断言库。这也是为何Mocha最小模块化框架用起来得心应手的原因——可以更加方便地进行功能扩展。

## 10.2.3 SuperTest简介

与其他断言库不同的是，SuperTest为测试人员提供了创建HTTP断言的抽象层，没错，它仍旧是由TJ Holowaychuk开发的。它并不是用来测试对象的，而是用来创建针对HTTP服务端的相关测试的断言表达式的。在这里，我们用它来测试控制器，可用来覆盖所有暴露给浏览器的代码。因此，它会使用Express应用程序对象，用以测试Express服务端的响应。下面是一个SuperTest断言表达式的例子：

```
request(app).get('/user')
  .set('Accept', 'application/json')
  .expect('Content-Type', /json/)
  .expect(200, done);
```

注意，这里的每个方法都可以直接链接在前一个断言表达式之后，这样便可以对同一个响应执行多个断言检查。了解更多关于SuperTest功能的相关信息，请参阅https://github.com/visionmedia/supertest中的官方文档。

下一节将介绍如何运用Moncha、Should.js以及SuperTest对模型和控制器进行测试。首先我们将从安装依赖和配置测试环境开始。本章中的示例程序将沿用前面的示例，直接复制第9章的最终示例代码即可。

## 10.2.4　Mocha的安装

从根本上说，Mocha是一个提供命令行方式运行测试的Node.js模块。要想使用该模块，最简单的办法便是使用npm，以全局方式进行安装。进入命令行工具，执行如下命令来安装Mocha：

```
$ npm install -g mocha
```

这样，便可以将最新版本的Mocha安装到系统全局node_modules目录中。安装完成后，可以通过命令行工具运行Mocha。下一步将在应用目录中安装Should.js和SuperTest断言库。

在安装全局模块的时候可能会碰到一些问题，一般是权限所致，使用sudo或超级用户来执行全局安装命令即可。

## 10.2.5　安装Should.js和SuperTest模块

在开始编写测试之前，首先需要使用npm安装Should.js和SuperTest。修改package.json文件，如下所示：

```
{
  "name": "MEAN",
  "version": "0.0.10",
  "dependencies": {
    "express": "~4.8.8",
    "morgan": "~1.3.0",
    "compression": "~1.0.11",
    "body-parser": "~1.8.0",
    "method-override": "~2.2.0",
    "express-session": "~1.7.6",
    "ejs": "~1.0.0",
    "connect-flash": "~0.1.1",
    "mongoose": "~3.8.15",
    "passport": "~0.2.1",
    "passport-local": "~1.0.0",
```

10

```
    "passport-facebook": "~1.0.3",
    "passport-twitter": "~1.0.2",
    "passport-google-oauth": "~0.1.5",
    "socket.io": "~1.1.0",
    "connect-mongo": "~0.4.1",
    "cookie-parser": "~1.3.3"
  },
  "devDependencies": {
    "should": "~4.0.4",
    "supertest": "~0.13.0"
  }
}
```

注意，在这里我们往package.json中添加了一个名为devDependencies的新属性。npm可以配置与应用依赖分离的，只用于面向开发工作的依赖。这意味着，当将应用部署到生产环境时，安装速度要快一些，安装完的应用也要小一些。而在非生产环境中，面向开发工作的依赖便可与应用依赖共同安装。

为了安装新的依赖，使用命令行工具进入应用根目录，然后执行如下的命令：

```
$ npm install
```

如此便可将指定版本的Should.js和SuperTest安装到应用的node_modules目录中，安装成功后，可以在测试中使用这两个模块。下一步需要为项目测试做一些准备工作，其中包括创建新的环境配置文件以及测试环境的配置。

## 10.2.6　测试环境配置

由于即将进行的测试会涉及数据库操作，因此考虑到安全因素，还是使用单独的配置文件为好。好在示例程序是按照NODE_ENV这个系统环境变量来加载配置文件的，默认使用config/env/development.js这一文件。在执行测试时，只需保证将测试环境的环境变量NODE_ENV设置为test即可。接下来要做的，是为测试环境创建一个新的配置文件，并将其命名为test.js，同样存放在config/env目录。文件内容如下：

```
module.exports = {
  db: 'mongodb://localhost/mean-book-test',
  sessionSecret: 'Your Application Session Secret',
  viewEngine: 'ejs',
  facebook: {
    clientID: 'APP_ID',
    clientSecret: 'APP_SECRET',
    callbackURL: 'http://localhost:3000/oauth/facebook/callback'
  },
  twitter: {
    clientID: 'APP_ID',
    clientSecret: 'APP_SECRET',
    callbackURL: 'http://localhost:3000/oauth/twitter/callback'
```

```
  },
  google: {
    clientID: 'APP_ID',
    clientSecret: 'APP_SECRET',
    callbackURL: 'http://localhost:3000/oauth/google/callback'
  }
};
```

注意，相对于config/env/development.js文件，上述代码修改了数据库的配置，使用了不同的MongoDB数据库，其他的属性并无变动。测试时还是可以对配置文件做不同修改来检查。

接下来需要为测试所需要的文件创建一个专门的文件夹。进入app文件夹，创建tests子文件夹。测试环境配置好后，下一步便可以开始编写测试了。

## 10.2.7 编写Mocha测试

要编写测试，第一步是识别Express应用的组件，并为其划分可测试单元。由于应用的逻辑已经分离在模型和控制器上了，显而易见，在此只需对模型和控制器进行分别测试。接下来，需要将这些组件划分为代码逻辑单元，再逐一单独测试。比如，针对控制器内的每个方法分别编写多个测试。如果并不是每个方法都对重要的操作进行单独处理，在此也可以将多个方法一同测试。但Mongoose的模型就不一样了，需要针对每个模型方法单独测试。

在BDD范式中，每个测试都是以用日常语言对测试目的进行描述开始的。该描述可以通过describe()方法来完成。这一方法用于定义测试方案的描述与功能。describe是可以嵌套的，便于对测试做进一步的阐述。测试的描述结构完成后，可以使用it()方法定义测试指标，测试框架会将每一个it()语句块作为一个单元测试，每个都需要一个或多个断言表达式。断言表达式的基本功能就是针对测试假设给出布尔值的测试结果，如果断言表达式执行的结果是失败，则会给测试框架一个错误追踪对象。

上述内容已经涵盖了绝大多数的测试场景，但还有一些支持性的方法，可以用于测试的上下文环境中执行特定功能。这些支持性的方法稍加配置，便可在测试集运行之前或之后执行，也可以在单个测试运行之前或之后执行。

在本章后面的例子中，将简单介绍使用各个方法来测试第8章中的articles模块。考虑到精简，将只为每个组件实现一套简单的测试，这套测试能够也应该最终扩展成为适当代码覆盖的测试。

 虽然TDD范式讲求在编码开发之前编写测试，但本书的结构使得我们只能针对已有代码编写测试。如果你决定要在开发中遵循TDD，那就务必在开发周期中的第一步编写适当的测试。

10

## 1. 测试Express的模型

在模型的测试中，我们将会编写两个针对模型的save()方法的测试。为存放测试Mongoose Articles模型的代码，在app/tests目录中创建文件article.server.model.test.js，并为其输入以下代码：

```
var app = require('../../server.js'),
    should = require('should'),
    mongoose = require('mongoose'),
    User = mongoose.model('User'),
    Article = mongoose.model('Article');

var user, article;

describe('Article Model Unit Tests:', function() {
  beforeEach(function(done) {
    user = new User({
      firstName: 'Full',
      lastName: 'Name',
      displayName: 'Full Name',
      email: 'test@test.com',
      username: 'username',
      password: 'password'
    });

    user.save(function() {
      article = new Article({
        title: 'Article Title',
        content: 'Article Content',
        user: user
      });

      done();
    });
  });

  describe('Testing the save method', function() {
    it('Should be able to save without problems', function() {

      article.save(function(err) {
        should.not.exist(err);
      });
    });

    it('Should not be able to save an article without a title', function() {
      article.title = '';

      article.save(function(err) {
        should.exist(err);
      });
    });
  });

  afterEach(function(done) {
```

```
    Article.remove(function() {
      User.remove(function() {
        done();
      });
    });
  });
});
```

让我们逐一分析一下上述代码。首先，对相关的依赖进行了包含，并定义了一些全局变量。接着便开始了一个以 describe() 方法打头的测试，用于通知测试工具开始对 Articles 模块进行检测。在 describe() 语句块内，使用 beforeEach() 方法创建了一个新的 user 对象和一个新的 articles 对象。beforeEach() 方法用于定义在每个测试运行前都会被执行一遍的代码块。当然也可以用 before() 方法，但该方法定义的代码块只能在整个测试运行之前执行一次。请注意 beforeEach() 方法是通过调用的 done() 回调函数，来通知测试框架可以继续执行测试的。这可以保证在执行后续测试之前完成所有的数据库操作。

接着，又创建了一个新的 describe 语句块，用以测试模型的 save 方法。在语句块内，使用 it() 方法创建了两个测试。第一个测试直接使用 article 对象保存了一个新的文档。接着使用 Should.js 断言库来验证是否出现了错误。第二个测试，通过向 title 属性传入一个非法的值来检查模型的验证器。这里使用的是 Should.js 断言库来检查执行 save 方法是否的确出现了错误。

最后，使用 afterEach() 方法清理了 MongoDB 的 Article 集合和 User 集合。与 beforeEach() 方法类似，这段代码会在每个测试执行完成的时候运行一次。当然，也可以换成 after() 方法。这段代码中也用相同方式调用了 done()。

大功告成，第一个单元测试已经完成了！前面也曾提到过，当需要处理更为复杂的对象时，可以继续对上面这段测试代码进行扩展，以覆盖更多的模型方法。下一步来看看如何为控制器编写更为复杂的单元测试。

### 2. 测试Express控制器

在控制器的测试示例中，将会用到两个测试来检测控制器的检索方法。在开始编写测试之前，其实有两个选择，一是直接对控制器的方法进行测试，二是在测试中定义控制器的 Express 路由。虽然更优的选择是两个方法都分别测试一次，但这里为了简便，将按第二个方案来测试。在开始测试控制器之前，先在 app/tests 中创建文件 articles.server.controller.tests.js，并为其输入以下代码：

```
var app = require('../../server'),
    request = require('supertest'),
    should = require('should'),
    mongoose = require('mongoose'),
    User = mongoose.model('User'),
    Article = mongoose.model('Article');

var user, article;
```

**10**

```
describe('Articles Controller Unit Tests:', function() {
  beforeEach(function(done) {
    user = new User({
      firstName: 'Full',
      lastName: 'Name',
      displayName: 'Full Name',
      email: 'test@test.com',
      username: 'username',
      password: 'password'
    });

    user.save(function() {
      article = new Article({
        title: 'Article Title',
        content: 'Article Content',
        user: user
      });

      article.save(function(err) {
        done();
      });
    });
  });

  describe('Testing the GET methods', function() {
    it('Should be able to get the list of articles', function(done){
      request(app).get('/api/articles/')
        .set('Accept', 'application/json')
        .expect('Content-Type', /json/)
        .expect(200)
        .end(function(err, res) {
          res.body.should.be.an.Array.and.have.lengthOf(1);
          res.body[0].should.have.property('title', article.title);
          res.body[0].should.have.property('content', article.content);

          done();
        });
    });

    it('Should be able to get the specific article', function(done) {
      request(app).get('/api/articles/' + article.id)
        .set('Accept', 'application/json')
        .expect('Content-Type', /json/)
        .expect(200)
        .end(function(err, res) {
          res.body.should.be.an.Object.and.have.property('title', article.title);
          res.body.should.have.property('content', article.content);

          done();
        });
    });
  });
```

```
afterEach(function(done) {
  Article.remove().exec();
  User.remove().exec();
  done();
});
});
```

与前面的模型测试类似，上述代码首先包含了模块依赖，定义了全局变量。接着便是以 `describe()` 方法开始的测试，用于通知测试工具开始对 Articles 控制器进行测试。在 describe 语句块内，先是用 `beforeEach()` 方法创建了 user 和 article 两个新对象。与模型测试不一样的是，这里是在开始测试之前就将文档保存到数据库中了，然后调用 `done()` 回调函数继续执行测试。

接着，用一个新的 describe 语句块来声明将执行对控制器 GET 方法的测试。它使用 `it()` 方法创建了两个测试，第一个测试使用 SuperTest 断言库向服务器端发起了请求 articles 列表的 HTTP GET 请求。测试还检查了 HTTP 的响应变量，包括头部的 content-type 值和 HTTP 响应状态码。如果响应检查到响应返回是正常的，便用三个 Should.js 断言表达式来检查响应内容，响应内容中应该是仅包含一个在 `beforeEach()` 中创建的文档的文档列表。

第二个测试仍然是使用 SuperTest 向服务器发起一个 HTTP GET 请求，来获取单个文档。测试还检查了 HTTP 的响应变量，包括头部的 content-type 值和 HTTP 响应状态码。如果响应检查到响应返回是正常的，便用 Should.js 断言表达式来检查响应内容，响应内容应该是一个在 `beforeEach()` 中创建的文档。

上面几步完成后，便是使用 `afterEach()` 方法清理 User 集合和 Article 集合，测试就执行完成了。准备好测试环境，测试代码也已完成，接下来就是使用 Mocha 命令行工具来执行测试了。

## 10.2.8　执行 Mocha 测试

要运行 Mocha 测试，必须借助前面安装的 Mocha 命令行工具。使用命令行工具进入项目根文件夹，然后运行如下的命令：

```
$ NODE_ENV=test mocha --reporter spec app/tests
```

如果是 Windows 环境，则应该执行如下命令：

```
> set NODE_ENV=test
```

然后使用如下命令来执行 Mocha 测试：

```
> mocha --reporter spec app/tests
```

上述几个命令，首先是对系统环境变量 NODE_ENV 进行了设置，使得 MEAN 应用使用测试环境配置文件。然后执行了 Mocha 命令行工具，并通过 -reporter 设置了两个参数。其中，第一个参数指定了 Mocha 将使用 spec 生成报告，另一个参数指定了测试文件夹位置。最后的报告将是一个与下图类似的结果。

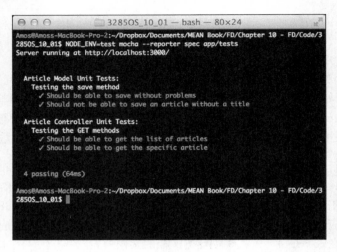

Mocha测试结果

这便是Express应用所覆盖的测试结论。上述方法的扩展测试，可以持续推进应用的开发。本书建议你在开发的初始阶段就着手进行测试，否则整个开发都可能被测试拖累。接下来将介绍AngularJS组件的测试，编写一些E2E测试。

## 10.3　AngularJS 应用测试

一直以来,测试前端代码是个麻烦的工作,本来跨浏览器以及平台间的测试就已经够复杂了,加之前端应用的代码又不够结构化,测试工具主要进行的是UI的E2E测试。但是，随着前端MVC框架的广泛应用，社区也开始创建一些更强大的测试工具，以便开发者除了能够做E2E测试外，也可以进行单元测试。事实上，AngularJS团队也从战略上注重所开发功能的可测试性。

此外，分裂的平台也产生了一类专注测试执行的工具，它们致力于帮助开发人员在不同的环境和平台中运行测试。本节将重点介绍与AngularJS测试相关的工具和框架，并讨论如何利用它们更好地编写和执行E2E测试与单元测试。让我们先从经常会用到的测试框架——Jasmine开始。

虽然AngularJS应用测试也可以通过包括Mocha在内的其他测试框架完成,但到目前为止，Jasmine依然是该应用测试最简单及最常用的测试框架。

## 10.3.1    Jasmine框架简介

Jasmine是由Pivotal组织开发的BDD范式测试框架，而且也采用了与Mocha一样的BDD接口，如`describe()`、`it()`、`beforeEach()`和`afterEach()`等方法。但与Mocha不同的是，Jasmine自带了断言功能，可以在`expect()`方法后面链上Matchers的断言方法，Matchers的基本功能是对实际对象和期望值进行布尔比较，例如，下面是一个使用`toBe()`的简单例子：

```
describe('Matchers Example', function() {
  it('Should present the toBe matcher example', function() {
    var a = 1;
    var b = a;

    expect(a).toBe(b);
    expect(a).not.toBe(null);
  });
});
```

`toBe()`方法是用`===`来进行比较。Jasmine包含了很多匹配方法，还支持自定义匹配方法。Jasmine还包括很多其他的强大功能，可用它来进行很复杂的测试。下一节将讨论如何使用Jasmine来轻松地对AngularJS组件进行测试。

> 了解更多关于Jasmine功能的相关信息，请参阅官方文档（http://jasmine.github.io/2.0/introduction.html.）。

## 10.3.2    AngularJS单元测试

在以前，开发人员若想要为前端代码编写单元测试，就不得不在测试范围和适当的组织测试集之间不断权衡。但AngularJS固有的关注点分离，迫使开发人员编写独立的模块代码，这反倒使单元测试更简单了。开发人员可以迅速地识别哪些部分是需要测试的，像AngularJS的控制器、服务、指令等组件，都可以当作独立的部分来测试。此外，AngularJS中广泛使用的依赖注入，也使得开发人员可以借助大量的测试集来切换上下文环境。在开始编写AngularJS的测试之前，先要准备一下测试环境。下面来认识一下测试执行工具Karma。

### 1. Karma简介

Karma是由AngularJS团队开发的测试执行过程管理实用工具，用以帮助开发人员在不同的浏览器中执行测试。Karma会开启一个Web服务器，并在选择的浏览器中执行被测代码和测试代码，然后将测试结果显示到命令行工具中。Karma还支持使用真实设备和浏览器进行测试，并提供相应的测试结果，支持通过流程控制IDE和命令行，还支持各种框架的测试。当然，Karma也支持各类插件，使得开发人员能够使用各种流行的测试框架。AngularJS团队还提供了名为浏览器启动器的插件，以便在开发人员选择的浏览器中测试。

在示例程序中，将选用Jasmine作为测试框架，PhantomJS作为浏览器启动器。当然，在实际的应用测试中，可以对Karma的配置进行修改，在开发人员计划支持的浏览器上进行测试。

> PhantomJS是一个非主流的Webkit浏览器，主要用于不需要显示输出的开发环境中，因此它非常适合在测试中使用。可通过访问官方文档（http://phantomjs.org/documentation/）对其做进一步了解。

## 2. 安装Karma命令行工具

要想使用Karma命令行工具，最简单的办法是使用npm以全局方式进行安装，执行下面的命令即可完成：

```
$ npm install -g karma-cli
```

这便可以将最新版本的Karma命令行工具安装到系统全局的node_modules目录中。安装完成后，就可以在命令行中使用Karma工具。接着要安装的是Karma的项目依赖模块。

> 若执行全局模块安装命令时发生错误，通常都是因为权限问题，使用sudo或者超级用户运行安装命令即可。

## 3. 安装Karma的依赖

可以通过修改package.json来运用npm安装Karma的依赖，修改package.json如下：

```
{
  "name": "MEAN",
  "version": "0.0.10",
  "dependencies": {
    "express": "~4.8.8",
    "morgan": "~1.3.0",
    "compression": "~1.0.11",
    "body-parser": "~1.8.0",
    "method-override": "~2.2.0",
    "express-session": "~1.7.6",
    "ejs": "~1.0.0",
    "connect-flash": "~0.1.1",
    "mongoose": "~3.8.15",
    "passport": "~0.2.1",
    "passport-local": "~1.0.0",
    "passport-facebook": "~1.0.3",
```

```
    "passport-twitter": "~1.0.2",
    "passport-google-oauth": "~0.1.5",
    "socket.io": "~1.1.0",
    "connect-mongo": "~0.4.1",
    "cookie-parser": "~1.3.3"
  },
  "devDependencies": {
    "should": "~4.0.4",
    "supertest": "~0.13.0",
    "karma": "~0.12.23",
    "karma-jasmine": "~0.2.2",
    "karma-phantomjs-launcher": "~0.1.4"
  }
}
```

上面在devDependencies中添加了Karma的核心模块，Karma的Jasmine插件模块和Karma的PhantomJS启动器模块。使用命令行工具进入应用的根目录，然后执行如下的命令：

```
$ npm install
```

相应版本的Karma、Karma的Jasmine插件和PhantomJS启动器便可安装到应用的node_modules文件夹中了。安装完成后，便可以利用这些模块来运行测试。下一步将先来添加用于配置Karma执行的Karma配置文件。

### 4. Karma的配置

为了能够控制Karma的测试执行，需要在应用的根目录中创建Karma专用的配置文件。测试执行时，Karma会先在应用的根目录中查找名为karma.conf.js的配置文件，当然，这个配置文件名是可以使用命令行的参数来自定义的。为了简便，在这里还是使用它默认的配置文件名。进入应用根目录，创建名为karma.conf.js的文件，其代码如下：

```
module.exports = function(config) {
  config.set({
    frameworks: ['jasmine'],
    files: [
      'public/lib/angular/angular.js',
      'public/lib/angular-resource/angular-resource.js',
      'public/lib/angular-route/angular-route.js',
      'public/lib/angular-mocks/angular-mocks.js',
      'public/application.js',
      'public/*[!lib]*/*.js',
      'public/*[!lib]*/*[!tests]*/*.js',
      'public/*[!lib]*/tests/unit/*.js'
    ],
    reporters: ['progress'],
    browsers: ['PhantomJS'],
    captureTimeout: 60000,
    singleRun: true
  });
};
```

**10**

Karma的配置文件用于设置其测试执行，上面的代码中用到了下面几个设置。

❑ frameworks：告诉Karma使用的Jasmine测试框架。
❑ files：用于设置测试中需要包含的文件列表，可以使用shell中的通配符来匹配文件，上述代码中包含了JavaScript库文件和模块文件，但排除了用于测试的文件。
❑ reporters：设置Karma生成测试结果报告的方式。
❑ browsers：设置Karma执行测试的浏览器列表，但在这里，因为只安装了PhantomJS的启动器，因此只能使用PhantomJS。
❑ captureTimeout：设置Karma的测试超时时间。
❑ singleRun：设置测试执行完毕后退出Karma。

上面的配置都是针对单个项目的，当测试需求变化时，配置也需要随之修改。在实际测试中，就需要在更多的浏览器中执行。

可通过访问官方文档（http://karma-runner.github.io/0.12/config/configuration-file.html）对Karma的详细配置进行了解。

### 5. 模拟AngularJS组件

在进行AngularJS应用测试时，建议与后端服务器分开，以便快速执行单元测试，这样做一是为了保证测试的独立性，二是让测试以同步的方式执行。这意味着需要控制依赖的注入，利用假的组件来模拟真实的组件操作。比如，大多数的组件都会使用$http服务，或者其他更加抽象的像$resource这样的服务与后端进行通信。此外，$http服务还会使用$httpBackend服务向后端服务器发起请求，这意味着还要注入一个模拟的$httpBackend服务，来发起并不会直接到达服务器的假HTTP请求。一贯致力于测试的AngularJS团队早已专门为此编写了相应的工具——封装了多个模拟组件的ngMock。

### (1) ngMock简介

ngMock是由AngularJS团队开发的扩展模块。它包含了多个用于测试的AngularJS模拟工具。ngMock模块提供给开发人员多个重要的模拟方法和多个模拟服务，其中有两个比较常用的方法，一个是用于创建模拟模块实例的angular.mock.module()方法，另一个是用于注入模拟的依赖的angular.mock.inject()方法，为了便于使用，这些方法也都绑定到了window这个对象上。

ngMock模块还提供了一些模拟服务，比如模拟异常服务、超时服务和日志服务等。在示例中将会用$httpBackend模拟服务来处理测试中的HTTP请求。

$httpBackend可以用来模拟响应HTTP请求。它提供了两个方法用于设置模拟的后端返回的数据。其中之一的$http.backEnd.expect()方法，可以对应用发起的HTTP请求进行断言判断，如果请求不是由测试发起，或者请求的顺序有误，则返回失败。该方法限于单元测试使用。用法如下：

```
$httpBackend.expect('GET', '/user').respond({userId: 'userX'});
```

这便可以强制给AngularJS中的$http请求返回一个模拟的响应，但若请求不能满足断言表达式则返回失败。第二个方法$httpBackend.when()则可用于针对请求模拟一个后端返回，不做任何断言判断，用法如下：

```
$httpBackend.when('GET', '/user').respond({userId: 'userX'});
```

这只是给$http服务发起的请求简单地返回一个定义好的响应而已，不会对HTTP请求进行断言检查。在真正使用ngMock之前，需要先安装。

(2) 安装ngMock

可通过bower来安装ngMock，修改bower.json如下：

```
{
  "name": "MEAN",
  "version": "0.0.10",
  "dependencies": {
    "angular": "~1.2",
    "angular-route": "~1.2",
    "angular-resource": "~1.2",
    "angular-mocks": "~1.2"
  }
}
```

使用命令行工具进入MEAN应用的根目录，执行如下命令来安装新的依赖模块：

```
$ bower update
```

安装完新的依赖后，便可以在public/lib中看到一个名为angular-mocks的新文件夹。实际上在前面Karma配置文件中的files项中，就已经包含了ngMock模块的JavaScript文件。安装完成了，接下来便可以开始编写AngularJS的单元测试代码。

### 6. 编写AngularJS单元测试

前面已经完成了相关环境的配置，实际编写测试代码其实是比较简单的。使用ngMock提供的工具，便可轻松完成对AngularJS组件的测试。测试代码的大概结构都差不多，只有一些微小的变化。在本小节中，将会讨论如何对AngularJS的几个主要实体进行测试。让我们先从测试模块开始。

10

(1) 模块测试

模块测试是非常简单的，只需要检查模块的定义是否正确，它在测试环境中是否存在即可。下面便是一个对模块的单元测试代码：

```
describe('Testing MEAN Main Module', function() {
  var mainModule;

  beforeEach(function() {
    mainModule = angular.module('mean');
  });

  it('Should be registered', function() {
    expect(mainModule).toBeDefined();
  });
});
```

上面的代码使用了beforeEach()方法，这样便可以在测试执行之前使用angular.module()方法来加载模块。测试在执行时，会使用Jasmine的匹配器来验证是否已经成功地定义了模块。

(2) 控制器测试

相对于模块的测试，控制器的测试要稍为麻烦一些，需要借助ngMock的inject()方法来创建一个控制器实例，下面是针对ArticlesController进行单元测试的代码：

```
describe('Testing Articles Controller', function() {
  var _scope, ArticlesController;

  beforeEach(function() {
    module('mean');

    inject(function($rootScope, $controller) {
      _scope = $rootScope.$new();
      ArticlesController = $controller('ArticlesController', {
        $scope: _scope
      });
    });
  });

  it('Should be registered', function() {
    expect(ArticlesController).toBeDefined();
  });

  it('Should include CRUD methods', function() {
    expect(_scope.find).toBeDefined();
    expect(_scope.findOne).toBeDefined();
    expect(_scope.create).toBeDefined();
    expect(_scope.delete).toBeDefined();
    expect(_scope.update).toBeDefined();
  });
});
```

　　这里再次使用了beforeEach()方法，以便在测试执行之前创建控制器。先是用module()方法注册主应用模块，用inject()方法注入Angular的$controller服务和$rootScope服务。接着，使用$rootScope服务创建了一个新的scope对象，并用$controller服务创建了一个新的ArticlesController实例。新的控制器实例会用到模拟的_scope对象，因此可以用它来验证控制器的各个属性是否存在。在这个例子中，主要是用于检查控制器的增删改查方法是否存在。

(3) 服务测试

　　相对于控制器的测试，服务的测试要简单得多。只需要把它直接注入测试中即可。下面是Articles服务的单元测试代码：

```
describe('Testing Articles Service', function() {
  var _Articles;

  beforeEach(function() {
    module('mean');

    inject(function(Articles) {
      _Articles = Articles;
    });
  });

  it('Should be registered', function() {
    expect(_Articles).toBeDefined();
  });

  it('Should include $resource methods', function() {
    expect(_Articles.get).toBeDefined();
    expect(_Articles.query).toBeDefined();
    expect(_Articles.remove).toBeDefined();
    expect(_Articles.update).toBeDefined();
  });
});
```

　　利用beforeEach()方法，即可在测试执行之前注入服务，然后利用验证器来检查服务是否存在，并确认服务是否包含$resource的一系列方法。

(4) 路由测试

　　测试路由也很简单，只需要注入路由服务，再测试路径集合。下面的代码便是Articles的路由的单元测试代码：

```
describe('Testing Articles Routing', function() {
  beforeEach(module('mean'));

  it('Should map a "list" route', function() {
    inject(function($route) {
      expect($route.routes['/articles'].templateUrl).
        toEqual('articles/views/list-articles.view.html');
    });
```

```
  });
});
```

这里只是测试了其中一个路由的templateUrl属性，实际测试大都要比这多得多。

(5) 指令测试

尽管前端的内容中没有详细讨论指令，但它的确是AngularJS应用中很重要的一部分。测试指令时，一般需要提供一个HTML模板，并用到Angular的$compile服务。下面是针对ngBind指令的一个单元测试：

```
describe('Testing The ngBind Directive', function() {
  beforeEach(module('mean'));

  it('Should bind a value to an HTML element', function() {
    inject(function($rootScope, $compile) {
      var _scope = $rootScope.$new();
      element = $compile('<div data-ng-bind="testValue"></div>')(_scope);

      _scope.testValue = 'Hello World';
      _scope.$digest();

      expect(element.html()).toEqual(_scope.testValue);
    });
  });
});
```

上面的代码中，首先是创建了一个新的scope对象，接着通过$complie服务借助scope对象来编译HTML模板。然后设置了scope模型的testValue属性，并使用$digest()方法将模型值绑定到指令中。最后，验证了模型的值是否的确被填充到了HTML中。

(6) 过滤器测试

前面的内容没有详细介绍过滤器，但它也是AngularJS应用的重要组成部分。测试过滤器与测试其他AngularJS组件一样简单。下面是针对Angular的lowercase过滤器的单元测试代码：

```
describe('Testing The Lowercase Filter', function() {
  beforeEach(module('mean'));

  it('Should convert a string characters to lowercase', function() {
    inject(function($filter) {
      var input = 'Hello World';
      var toLowercaseFilter = $filter('lowercase');

      expect(toLowercaseFilter(input)).toEqual(input.toLowerCase());
    });
  });
});
```

上面的代码中，用到了$filter服务，它可以创建一个过滤器的实例。接着便可以通过输入值来验证过滤器的功能了。这里直接借助JavaScript的`toLowerCase()`方法来验证`lowercase`过滤器的功能是否正常。

上述例子已经很直观地介绍了如何编写基础的AngularJS单元测试。当然，实际的测试要比这复杂得多，下面来看看如何使用ngMock对控制器`ArticlesController`的一个方法进行单元测试。

### 7. 编写单元测试

测试控制器的方法是经常会碰到的一个需求。控制器`ArticlesController`的方法都是利用`$http`服务与后端服务器通信的，因此需要适当地用到`$httpBackend`模拟服务。为了组织`ArticlesController`控制器的单元测试，进入public/articles文件夹，创建名为tests的子文件夹，在子文件夹中，再创建一个名为unit的目录，专门存放单元测试的代码。然后在public/articles/tests/unit中创建文件articles.client.controller.unit.tests.js，其代码如下：

```
describe('Testing Articles Controller', function() {
  var _scope, ArticlesController;

  beforeEach(function() {
    module('mean');

    jasmine.addMatchers({
      toEqualData: function(util, customEqualityTesters) {
        return {
          compare: function(actual, expected) {
            return {
              pass: angular.equals(actual, expected)
            };
          }
        };
      }
    });
    inject(function($rootScope, $controller) {
      _scope = $rootScope.$new();
      ArticlesController = $controller('ArticlesController', {
        $scope: _scope
      });
    });
  });

  it('Should have a find method that uses $resource to retrieve a list of articles',
inject(function(Articles) {
    inject(function($httpBackend) {
      var sampleArticle = new Articles({
        title: 'An Article about MEAN',
        content: 'MEAN rocks!'
      });
      var sampleArticles = [sampleArticle];

      $httpBackend.expectGET('api/articles').respond(sampleArticles);
```

```
    _scope.find();
    $httpBackend.flush();

    expect(_scope.articles).toEqualData(sampleArticles);
  });
}));

  it('Should have a findOne method that uses $resource to retreive a single of article',
inject(function(Articles) {
    inject(function($httpBackend, $routeParams) {
      var sampleArticle = new Articles({
        title: 'An Article about MEAN',
        content: 'MEAN rocks!'
      });

      $routeParams.articleId = 'abcdef123456789012345678';

      $httpBackend.expectGET(/api\/articles\/([0-9a-fA-F]{24})$/).
respond (sampleArticle);

      _scope.findOne();
      $httpBackend.flush();

      expect(_scope.article).toEqualData(sampleArticle);
    });
  }));
});
```

上述代码可以分为几个部分，首先是包含了依赖模块，并定义了几个全局变量。使用 describe() 方法开始了测试，以通知测试工具开始对 ArticlesController 进行检测。在 describe 语句块中，先是使用 beforeEach() 方法创建了新的控制器和 scope 对象。

另外还在 beforeEach() 方法中创建了一个叫 toEqualData 的 Jasmine 匹配器，该匹配器会用 angular.equal() 方法对普通对象和 $resource() 封装的对象进行比较。添加这个匹配器的原因在于，$resource 会在对象中增加一些属性，因此普通的对比是检查不了的。

接着创建了首个指标，用以测试控制器的 find() 方法。这里巧妙地使用 $httpBackend.expectGET() 方法设置了一个新的后端请求断言。只要测试发起的 HTTP 请求满足断言，就会返回给定的响应。然后使用了控制器的 find() 方法创建了一个挂起的 HTTP 请求，在调用了 $httpBackend.flush() 方法后，便会模仿出来一个来自服务器的响应。最后使用模型的值检查来结束测试。

第二个指标与第一个基本一致，但测试的是控制器的 findOne() 方法。在调用 $httpBackend 服务时，也用到了 $routeParams 服务设置路由参数 articleId。单元测试便完成了，下面来看看如何使用 Karma 的命令行工具来执行测试。

### 8. 执行AngularJS单元测试

AngularJS测试的执行，需要用到前面安装的Karma命令行工具。使用命令行工具进入应用的根目录，然后执行如下的命令：

```
$ NODE_ENV=test karma start
```

但如果是在Windows环境中，则需要先执行如下命令：

```
> set NODE_ENV=test
```

再用如下命令来执行Karma：

```
> karma start
```

上面的命令中，先是设置了环境变量，让MEAN能够使用测试环境配置文件。然后执行了Karma的命令行工具。测试结果会显示到命令行窗口中，与下图类似。

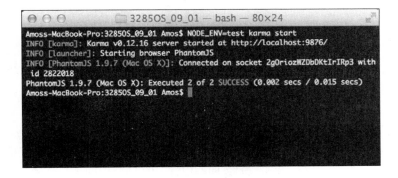

Karma的测试执行结果

该结果便是MEAN应用单元测试覆盖的最终结论。你可以使用这些方法来扩展测试集，以对AngularJS的更多组件进行测试。下一节将讨论AngularJS的E2E测试，并编写和执行跨平台的E2E测试。

## 10.3.3　AngularJS E2E测试

单元测试是对应用进行第一个层次的测试覆盖，但有时候需要编写在某一个界面中将多个组件组合在一起的测试。AngularJS团队将此称为E2E测试。

下面用例子来解释一下。Bob是一个优秀的前端开发人员，他写的AngularJS代码是经过测试验证的。Alice是一个不错的后端开发人员，并对自己编写的Express控制器和模型也都进行了测试。理论上，他们两个人的工作都做得不错，但当他们把整个MEAN应用的登录功能组合在一起的时候，却发生了一个错误，深入排错之后，发现Bob代码里发送给后端的JSON对象，其实和

Alice的后端控制器所期望的对象有点不一样。虽然说他们两个都没什么错误，但最终的结果就是不合格。表面看来，这完全是项目经理的失策，但不管怎么样，事情已经发生了。这还只是一个简单的项目，现如今的应用都要比这复杂得多。这表明，单靠一个普通的测试，或者是单元测试是行不通的。我们需要的是一种能够测试整个应用的方法，这便是E2E测试，也是它如此重要的原因。

### 1. Protractor简介

要想执行E2E测试，就必须要有各种工具来模拟用户的行为。AngularJS团队曾经倡导AngularJS情景测试执行过程管理工具，后来放弃了这一工具，推出了名为Protractor的测试执行过程管理工具。Protractor是一个专门的E2E测试工具，可以模拟人的交互，使用Jasmine测试框架来执行测试。实际上，Protractor是一个Node.js工具，使用灵巧的WebDriver库。WebDriver是一个开源工具，支持对Web浏览器行为进行可编程的控制。Protractor默认使用Jasmine，因此编写测试的时候，和前面的单元测试很像，此外，Protractor还提供了如下几个全局对象。

- ❑ browser：是对WebDriver实例的封装，通过它便可与浏览器进行通信。
- ❑ element：辅助功能，用于操作HTML元素。
- ❑ by：元素定位函数的集合，借助它可以通过CSS选择器、ID或者其他绑定的模型属性来查找元素。
- ❑ protractor：对WebDriver命名空间的封装，包括一系列静态类和变量。

通过这些工具，便可以直接在测试指标中处理浏览器的操作。比如，使用browser.get()便可以加载页面，并对测试开始处理。但要注意的是，Protractor是AngularJS应用的专门测试工具，因此如果使用browser.get()加载的页面不包含AngularJS库的话，是会报错的。下面我们先来学习安装Protractor。

 Protractor还是一个刚诞生不久的工具，因此版本变化会很迅速。你可以通过访问Protractor官网（https://github.com/angular/protractor）进一步了解。

### 2. Protractor安装

Protractor是一个命令行工具，需要使用npm以全局的方式安装。在命令行工具中执行如下的命令：

```
$ npm install -g protractor
```

最新版的Protractor便会安装到系统的node_modules目录中。安装完成之后，便可以在命令行中使用Protractor。

若执行全局模块安装命令时发生错误，通常都是因为权限问题，使用sudo或者超级用户运行安装命令即可。

　　由于Protractor需要运行一个WebDriver服务器，因此在这里需要运行一个Selenium服务器，或者安装一个独立的WebDriver服务器。通过执行下面的命令，便可以下载和安装一个独立的WebDriver服务器：

```
$ webdriver-manager update
```

　　这便可以安装一个Selenium独立服务器，后面会用它来处理Protractor测试。下一步便要配置Protractor的执行选项。

　　　　可以通过访问 WebDriver 的官网（https://code.google.com/p/selenium/wiki/WebDriverJs）进一步了解。

### 3. Protractor配置

　　为了控制Protractor测试的执行，需要在应用的根目录中创建Protractor的配置文件。在执行的时候，Protractor会自动在应用根目录中查找名为protractor.conf.js的配置文件。当然，该配置文件名是可以使用命令行的参数来自定义的。为了简便，在这里还是使用它默认的配置文件名。进入应用根目录，创建名为protractor.conf.js的新文件，并为其输入如下代码：

```
exports.config = {
  specs: ['public/*[!lib]*/tests/e2e/*.js']
}
```

　　这里的配置文件非常简单，只包含一个specs属性。该属性用来告诉Protractor测试文件的存放位置。配置文件是针对项目本身的，因此需要根据需求来修改。例如，很有可能需要修改测试将要运行的浏览器列表。

　　　　了解更多关于Protractor配置的相关信息，请参阅Protractor示例配置文件（https://github.com/angular/protractor/blob/master/docs/referenceConf.js）。

**10**

### 4. 编写E2E测试

　　E2E测试无论是编写还是阅读，都比较复杂，因此先从一个简单的例子开始。例如，需要测试创建Article页面，并尝试创建一个新的Article。但由于没有事先登录，肯定会收到一个错误。

下面来实现一个这样的测试。进入public/articles/tests，创建一个名为e2e的子文件夹，在新建的文件夹中，创建一个名为articles.client.e2e.tests.js的新文件，其代码如下：

```
describe('Articles E2E Tests:', function() {
  describe('New Article Page', function() {
    it('Should not be able to create a new article', function() {
      browser.get('http://localhost:3000/#!/articles/create');
      element(by.css('input[type=submit]')).click();
      element(by.binding('error')).getText().then(function(errorText) {
        expect(errorText).toBe('User is not logged in');
      });
    });
  });
});
```

我们已经很熟悉这类测试代码的结构了，但测试本身还是与前面的有很大的不同。上面这段代码首先使用browser.get()方法请求到了创建Article页面。接着使用element()和by.css()来提交表单。最后使用by.binding()方法查找绑定了错误消息的HTML元素，并验证错误消息的内容。虽然例子比较简单，但比较清楚地说明了E2E测试的运行机制。下一步将使用Protractor来执行这个测试。

### 5. 执行E2E测试

运行Protractor与前面的Karma和Mocha是不一样的。Protractor需要MEAN应用实际运行起来，这样才能像真实的用户那样进行访问。先来启动应用，使用命令行工具进入应用的根目录，然后执行如下命令：

**$ NODE_ENV=test node server**

如果是Windows环境，则需要先执行如下命令：

**> set NODE_ENV=test**

接着再运行应用：

**> node server**

这便可以使用测试环境配置文件运行MEAN应用。然后打开一个新的命令行窗口，进入应用的根目录，使用如下的命令来启动Protractor测试执行过程管理工具：

**$ protractor**

Protractor便开始执行测试了，最后会把测试报告打印到命令行窗口中，其输入结果与下图类似。

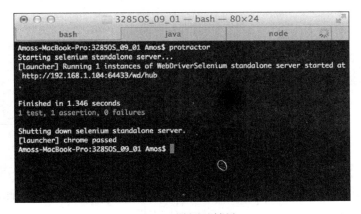

Protractor的测试结果

　　大功告成！这便使用E2E测试覆盖了应用的目标代码。实践中最好使用这些方法来扩展测试集，以便能够进行更广泛的E2E测试。

## 10.4　总结

　　本章讨论了如何测试MEAN应用。首先是了解了关于TDD和BDD范式的基本概念，然后使用Mocha测试框架实现了对Express的控制器和模型的单元测试，这里面用到了几个不同的断言库。接着讨论了AngularJS几种不同的测试方法，知道了单元测试和E2E测试的区别，并使用Jasmine测试框架和Karma测试执行过程管理工具对AngularJS应用进行了单元测试。最后，学习了如何编写和执行E2E测试。到目前为止，本书已经介绍了如何创建和测试实时的MEAN应用，在下一章中，我们将讨论如何利用一些主流的自动化工具来持续缩短开发周期。

10

# 第 11 章

# MEAN应用的调试与自动化

在前面的内容中,我们已经学习了如何对实时的MEAN应用进行开发和测试,并且了解了如何将MEAN应用的各部分组合在一起,以及如何使用测试框架来测试应用。虽然利用上述内容中提及的方法就可以对相对复杂的应用进行开发,但如果借助一些支持性的工具和框架,开发的速度将可大幅提升。这些工具通过自动化和抽象为开发者提供全方位的开发环境。本章将介绍如何利用社区里的工具加速MEAN应用的开发。其主要内容有:

❑ Grunt简介
❑ 使用Grunt任务和第三方任务
❑ 使用node-inspector调试Express程序
❑ 使用Batarang调试AngularJS应用的内部组件

## 11.1 构建工具 Grunt

与其他的软件开发一样,MEAN应用的开发常常都会涉及大量的重复性工作,日复一日地运行、测试、调试,为生产环境配置应用,简直千篇一律,这些应该抽象为一个自动化层来完成才对。你可能听说过Ruby的Rake和Java的Ant,JavaScript中的重复性工作,可以由一个名为Grunt的构建工具来轻松完成。Grunt是一个Node.js命令行工具,它借助第三方定义的任务以及用户自定义的任务来完成项目的构建。也就是说,你可以编写自己的自动化任务,或者更简单点,直接利用不断成长的Grunt生态系统中的任务,或者使用第三方提供的常用自动化操作任务。本节将讨论如何安装、配置和使用Grunt。本章中的示例程序依然沿用上一章的,直接复制第10章示例程序的最终版即可。

### 11.1.1 安装

Grunt入门最好的办法是从使用Grunt命令行工具开始。在命令行中使用下面的命令以全局方式安装grunt-cli模块:

```
$ npm install -g grunt-cli
```

这便可以将Grunt命令行工具的最新版安装到系统的node_modules目录中。安装完成后，就可以在命令行中使用了。

在安装全局模块时可能会碰到一些问题，一般是权限所致，使用sudo或超级用户来执行全局安装命令即可。

要在项目中使用Grunt，还需要使用npm安装几个Grunt模块到项目文件夹中。此外，第三方任务也都是通过npm安装的。比如，一个比较常用的，用来设置系统环境变量的第三方任务grunt-env，就需要以Node模块的方式来安装，然后由Grunt作为任务使用。下面将grunt和grunt-env安装到项目文件夹中，修改package.json文件如下：

```
{
  "name": "MEAN",
  "version": "0.0.11",
  "dependencies": {
    "express": "~4.8.8",
    "morgan": "~1.3.0",
    "compression": "~1.0.11",
    "body-parser": "~1.8.0",
    "method-override": "~2.2.0",
    "express-session": "~1.7.6",
    "ejs": "~1.0.0",
    "connect-flash": "~0.1.1",
    "mongoose": "~3.8.15",
    "passport": "~0.2.1",
    "passport-local": "~1.0.0",
    "passport-facebook": "~1.0.3",
    "passport-twitter": "~1.0.2",
    "passport-google-oauth": "~0.1.5",
    "socket.io": "~1.1.0",
    "connect-mongo": "~0.4.1",
    "cookie-parser": "~1.3.3"
  },
  "devDependencies": {
    "should": "~4.0.4",
    "supertest": "~0.13.0",
    "karma": "~0.12.23",
    "karma-jasmine": "~0.2.2",
    "karma-phantomjs-launcher": "~0.1.4",
    "grunt": "~0.4.5",
    "grunt-env": "~0.4.1"
  }
}
```

然后，在命令行窗口中执行如下的命令来安装新依赖：

```
$ npm install
```

这样便可将相应版本的grunt和grunt-env安装到项目的**node_modules**文件夹中。安装完成后，就可以在项目中使用Grunt。首先需要创建Grunt要使用的配置文件Gruntfile.js。

## 11.1.2　Grunt的配置

要想对Grunt的操作进行配置，首先需要在应用的根目录中为其创建一个配置文件。Grunt执行时，会自动在应用的根目录中对名为Gruntfile.js的配置文件进行搜索。这里虽然也可以通过命令行参数来指定配置文件名，但为了简便还是使用默认的文件名。

为了配置grunt-env任务，进入应用根目录，创建名为Gruntfile.js的新文件，文件代码如下：

```
module.exports = function(grunt) {
  grunt.initConfig({
    env: {
      dev: {
        NODE_ENV: 'development'
      },
      test: {
        NODE_ENV: 'test'
      }
    }
  });

  grunt.loadNpmTasks('grunt-env');

  grunt.registerTask('default', ['env:dev']);
};
```

正如上述代码所示，Grunt的配置文件就是注入了grunt对象的单个模块函数。在定义了模块函数后，使用了grunt.initConfig()方法来配置第三方的任务。其中进行了grunt-env任务的配置，主要用它设置了两个环境变量，一个在测试时使用，一个在开发时使用。接着使用grunt.loadNpmTasks()方法加载了grunt-env模块，注意，每当要添加一个第三方任务时，都必须用这个方法将其加载到项目中。最后，使用grunt.registerTask()方法创建了一个名为default的grunt任务。grunt.registerTask()接受两个参数，第一个参数是任务名，第二个参数是需要执行的其他的grunt任务集。通常情况下，当需要自动执行多个任务时，一般会用这个方法将不同的任务组合成一个。上面的代码中，default任务（组）只用一个grunt-env任务对环境变量进行了设置。

若要运行这个default任务，使用命令行工具进入应用根目录，然后执行如下命令：

```
$ grunt
```

这便可以使用grunt-env来设置开发环境的NODE_ENV环境变量。这个例子非常简单，下面请看如何利用grunt将更复杂的操作自动化。

你可以通过访问Grunt的官方文档（http://gruntjs.com/configuring-tasks）进一步了解其配置。

### 1. 使用Grunt运行应用

通过命令行运行应用虽然看起来并不是十分麻烦，但在应用开发的过程中，将会不断地对其进行启动和停止。为了简化这项工作，一个名为Nodemon的工具应运而生。Nodemon是Node.js的一个命令行工具，是对Node基本命令node的封装，但它还可以被用来监视文件的变化。当有文件发生修改时，Nodemon便可使用最新的代码来重新启动应用。Nodemon可以直接使用，也可以作为一个Grunt任务来使用。为此，需要安装第三方的任务grunt-nodemon，并在配置文件中进行配置，然后就可以使用了。首先来安装grunt-nodemon模块，修改package.json文件如下：

```
{
  "name": "MEAN",
  "version": "0.0.11",
  "dependencies": {
    "express": "~4.8.8",
    "morgan": "~1.3.0",
    "compression": "~1.0.11",
    "body-parser": "~1.8.0",
    "method-override": "~2.2.0",
    "express-session": "~1.7.6",
    "ejs": "~1.0.0",
    "connect-flash": "~0.1.1",
    "mongoose": "~3.8.15",
    "passport": "~0.2.1",
    "passport-local": "~1.0.0",
    "passport-facebook": "~1.0.3",
    "passport-twitter": "~1.0.2",
    "passport-google-oauth": "~0.1.5",
    "socket.io": "~1.1.0",
    "connect-mongo": "~0.4.1",
    "cookie-parser": "~1.3.3"
  },
  "devDependencies": {
    "should": "~4.0.4",
    "supertest": "~0.13.0",
    "karma": "~0.12.23",
    "karma-jasmine": "~0.2.2",
    "karma-phantomjs-launcher": "~0.1.4",
    "grunt": "~0.4.5",
    "grunt-env": "~0.4.1",
    "grunt-nodemon": "~0.3.0"
  }
}
```

接下来安装新的依赖。使用命令行工具进入应用根目录，再执行如下命令：

```
$ npm install
```

这便可以将特定版本的`grunt-nodemon`安装到项目的node_modules文件夹中。安装完成后就是配置了，修改Gruntfile.js文件如下：

```
module.exports = function(grunt) {
  grunt.initConfig({
    env: {
      test: {
        NODE_ENV: 'test'
      },
      dev: {
        NODE_ENV: 'development'
      }
    },
    nodemon: {
      dev: {
        script: 'server.js',
        options: {
          ext: 'js,html',
          watch: ['server.js', 'config/**/*.js', 'app/**/*.js']
        }
      }
    }
  });

  grunt.loadNpmTasks('grunt-env');
  grunt.loadNpmTasks('grunt-nodemon');

  grunt.registerTask('default', ['env:dev', 'nodemon']);
};
```

来回顾一下上面的修改。上述代码先是修改了传给`grunt.initConfig()`方法的配置对象，添加了新的`nodemon`属性。该属性有一个有关开发环境的配置，其中`script`用于定义应用的主文件，本例中即为`server.js`。`options`是Nodemon的配置选项，这里的配置是告诉它监视config目录和app目录中所有的JavaScript文件和HTML文件。最后加载了`grunt-nodemon`模块，并将其作为子任务加入`default`任务中。

在命令行工具中的应用根目录下执行如下命令，便可使用新修改的`default`任务：

```
$ grunt
```

这便可以执行`grunt-env`和`grunt-nodemon`任务，并启动应用。

　　你可以通过Nodemon的官方文档（https://github.com/remy/nodemon）进一步了解其配置。

### 2. 使用Grunt测试应用

上一章中，使用了三种不同的测试工具，这使得测试工作变得有点冗长。在这种情况下Grunt便能帮上忙了，它可以运行 Mocha 、 Karma 和 Protractor 。只需要安装 `grunt-karma` 、`grunt-mocha-test` 和 `grunt-protractor-runner` 三个模块并对其进行配置即可。先来安装它们，修改package.json如下：

```json
{
  "name": "MEAN",
  "version": "0.0.11",
  "dependencies": {
    "express": "~4.8.8",
    "morgan": "~1.3.0",
    "compression": "~1.0.11",
    "body-parser": "~1.8.0",
    "method-override": "~2.2.0",
    "express-session": "~1.7.6",
    "ejs": "~1.0.0",
    "connect-flash": "~0.1.1",
    "mongoose": "~3.8.15",
    "passport": "~0.2.1",
    "passport-local": "~1.0.0",
    "passport-facebook": "~1.0.3",
    "passport-twitter": "~1.0.2",
    "passport-google-oauth": "~0.1.5",
    "socket.io": "~1.1.0",
    "connect-mongo": "~0.4.1",
    "cookie-parser": "~1.3.3"
  },
  "devDependencies": {
    "should": "~4.0.4",
    "supertest": "~0.13.0",
    "karma": "~0.12.23",
    "karma-jasmine": "~0.2.2",
    "karma-phantomjs-launcher": "~0.1.4",
    "grunt": "~0.4.5",
    "grunt-env": "~0.4.1",
    "grunt-nodemon": "~0.3.0",
    "grunt-mocha-test": "~0.11.0",
    "grunt-karma": "~0.9.0",
    "grunt-protractor-runner": "~1.1.4"
  }
}
```

然后使用命令行工具在应用的根目录中执行如下命令：

```
$ npm install
```

这样便可将相应版本的 `grunt-karma` 、 `grunt-mocha-test` 和 `grunt-protractor-runner` 安装到应用的node_modules目录中。接着还需要安装Protractor的WebDriver服务器，执行

**11**

如下命令：

```
$ node_modules/grunt-protractor-runner/node_modules/protractor/bin/
webdriver-manager update
```

安装完成后，再来配置新的Grunt任务，修改Gruntfile.js如下：

```
module.exports = function(grunt) {
  grunt.initConfig({
    env: {
      test: {
        NODE_ENV: 'test'
      },
      dev: {
        NODE_ENV: 'development'
      }
    },
    nodemon: {
      dev: {
        script: 'server.js',
        options: {
          ext: 'js,html',
          watch: ['server.js', 'config/**/*.js', 'app/**/*.js']
        }
      }
    },
    mochaTest: {
      src: 'app/tests/**/*.js',
      options: {
        reporter: 'spec'
      }
    },
    karma: {
      unit: {
        configFile: 'karma.conf.js'
      }
    },
    protractor: {
      e2e: {
        options: {
          configFile: 'protractor.conf.js'
        }
      }
    }
  });

  grunt.loadNpmTasks('grunt-env');
  grunt.loadNpmTasks('grunt-nodemon');
  grunt.loadNpmTasks('grunt-mocha-test');
  grunt.loadNpmTasks('grunt-karma');
  grunt.loadNpmTasks('grunt-protractor-runner');

  grunt.registerTask('default', ['env:dev', 'nodemon']);
```

```
grunt.registerTask('test', ['env:test', 'mochaTest', 'karma', 'protractor']);
};
```

上面的代码首先修改了传给grunt.initConfig()方法的配置对象，并为其添加了新属性mochaTest对象。该新添加对象的src属性用于设置搜索待测试文件的位置，options属性用于设置Mocha的reporter。然后添加了karma属性，其unit属性中的configFile用于设置Karma的配置文件名。此外，还添加了protractor属性，同样用configFile属性来设置Protractor的配置文件名。接着加载了grunt-karma、grunt-mocha-test和grunt-protractor-runner三个模块，最后创建了包含三个测试子任务的"test"任务。

若要执行新创建的"test"任务，使用命令行工具进入应用根目录，再执行如下命令即可：

```
$ grunt test
```

这样便可以运行grunt-env、mochaTest、karma和protractor来测试应用。

### 3. 使用Grunt验证代码

在软件开发中，通常会使用专门的工具来验证可疑代码的使用情况。在MEAN应用开发中，借助代码验证，可以帮助我们在日常开发中避免一些常见的问题和代码错误。这里讨论一下如何利用Grunt对项目的CSS文件和JavaScript文件进行验证。上述验证需要借助验证CSS文件的grunt-contrib-csslint和验证JavaScript文件的grunt-contrib-jshint来实现。先进行安装，修改package.json如下：

```
{
  "name": "MEAN",
  "version": "0.0.11",
  "dependencies": {
    "express": "~4.8.8",
    "morgan": "~1.3.0",
    "compression": "~1.0.11",
    "body-parser": "~1.8.0",
    "method-override": "~2.2.0",
    "express-session": "~1.7.6",
    "ejs": "~1.0.0",
    "connect-flash": "~0.1.1",
    "mongoose": "~3.8.15",
    "passport": "~0.2.1",
    "passport-local": "~1.0.0",
    "passport-facebook": "~1.0.3",
    "passport-twitter": "~1.0.2",
    "passport-google-oauth": "~0.1.5",
    "socket.io": "~1.1.0",
    "connect-mongo": "~0.4.1",
    "cookie-parser": "~1.3.3"
  },
  "devDependencies": {
    "should": "~4.0.4",
```

11

```
      "supertest": "~0.13.0",
      "karma": "~0.12.23",
      "karma-jasmine": "~0.2.2",
      "karma-phantomjs-launcher": "~0.1.4",
      "grunt": "~0.4.5",
      "grunt-env": "~0.4.1",
      "grunt-nodemon": "~0.3.0",
      "grunt-mocha-test": "~0.11.0",
      "grunt-karma": "~0.9.0",
      "grunt-protractor-runner": "~1.1.4",
      "grunt-contrib-jshint": "~0.10.0",
      "grunt-contrib-csslint": "~0.2.0"
  }
}
```

然后在命令行工具中使用如下命令来安装新的依赖：

```
$ npm install
```

这便可以将指定版本的grunt-contrib-csslint和grunt-contrib-jshint模块安装到项目的node_modules文件夹中。安装完成后，再在Grunt中进行配置，修改Gruntfile.js文件的内容如下：

```
module.exports = function(grunt) {
  grunt.initConfig({
    env: {
      test: {
        NODE_ENV: 'test'
      },
      dev: {
        NODE_ENV: 'development'
      }
    },
    nodemon: {
      dev: {
        script: 'server.js',
        options: {
          ext: 'js,html',
          watch: ['server.js', 'config/**/*.js', 'app/**/*.js']
        }
      }
    },
    mochaTest: {
      src: 'app/tests/**/*.js',
      options: {
        reporter: 'spec'
      }
    },
    karma: {
      unit: {
        configFile: 'karma.conf.js'
      }
    },
```

```
  jshint: {
    all: {
      src: ['server.js', 'config/**/*.js', 'app/**/*.js', 'public/js/*.js',
        'public/modules/**/*.js']
    }
  },
  csslint: {
    all: {
      src: 'public/modules/**/*.css'
    }
  }
});

grunt.loadNpmTasks('grunt-env');
grunt.loadNpmTasks('grunt-nodemon');
grunt.loadNpmTasks('grunt-mocha-test');
grunt.loadNpmTasks('grunt-karma');
grunt.loadNpmTasks('grunt-contrib-jshint');
grunt.loadNpmTasks('grunt-contrib-csslint');

grunt.registerTask('default', ['env:dev', 'nodemon']);
grunt.registerTask('test', ['env:test', 'mochaTest', 'karma']);
grunt.registerTask('lint', ['jshint', 'csslint']);
};
```

上面的代码中，首先是修改了传给 grunt.initConfig() 方法的配置对象，为其添加了两个新属性，jshint 对象和 csslint 对象。其中，jshint 对象的 src 用于告知验证器需要检查的 JavaScript 代码文件范围，csslint 对象的 src 属性同样是告诉验证器需要检查哪些 CSS 文件。接着加载了新添加的两个模块，最后创建了以两个新添加模块为子任务的 lint 任务。

使用命令行工具进入应用根目录，运行如下命令便可执行新添加的 lint 任务：

```
$ grunt lint
```

csslint 和 jshint 两个任务运行后，便会在命令行中显示报告结果。验证器是检查代码的好工具，但是，仍然要手动执行上面的命令才能启动检查，下面介绍一个方法，可以在文件被修改之后自动执行代码验证。

### 4. 使用 Grunt 监视文件修改

对于当前 Grunt 的配置，当有文件修改后，Nodemon 会自动重启应用。不过，如果想在文件被修改之后，执行其他任务，该如何进行设置呢？这时可以借助 grunt-contrib-watch 模块来完成，它可以用来监视文件的修改，而 grunt-concurrent 则可以同时运行多个任务。通过 npm 可以安装这两个模块，修改 package.json 文件如下：

```
{
  "name": "MEAN",
  "version": "0.0.11",
  "dependencies": {
```

11

```
    "express": "~4.8.8",
    "morgan": "~1.3.0",
    "compression": "~1.0.11",
    "body-parser": "~1.8.0",
    "method-override": "~2.2.0",
    "express-session": "~1.7.6",
    "ejs": "~1.0.0",
    "connect-flash": "~0.1.1",
    "mongoose": "~3.8.15",
    "passport": "~0.2.1",
    "passport-local": "~1.0.0",
    "passport-facebook": "~1.0.3",
    "passport-twitter": "~1.0.2",
    "passport-google-oauth": "~0.1.5",
    "socket.io": "~1.1.0",
    "connect-mongo": "~0.4.1",
    "cookie-parser": "~1.3.3"
  },
  "devDependencies": {
    "should": "~4.0.4",
    "supertest": "~0.13.0",
    "karma": "~0.12.23",
    "karma-jasmine": "~0.2.2",
    "karma-phantomjs-launcher": "~0.1.4",
    "grunt": "~0.4.5",
    "grunt-env": "~0.4.1",
    "grunt-nodemon": "~0.3.0",
    "grunt-mocha-test": "~0.11.0",
    "grunt-karma": "~0.9.0",
    "grunt-protractor-runner": "~1.1.4",
    "grunt-contrib-jshint": "~0.10.0",
    "grunt-contrib-csslint": "~0.2.0",
    "grunt-contrib-watch": "~0.6.1",
    "grunt-concurrent": "~1.0.0"
  }
}
```

使用命令行工具进入应用根目录，执行如下命令安装新的依赖：

```
$ npm install
```

安装完成后，接下来是在Grunt的配置中对新的模块进行配置，修改Gruntfile.js文件如下：

```
module.exports = function(grunt) {
  grunt.initConfig({
    env: {
      test: {
        NODE_ENV: 'test'
      },
      dev: {
        NODE_ENV: 'development'
      }
    },
    nodemon: {
```

```
    dev: {
      script: 'server.js',
      options: {
        ext: 'js,html',
        watch: ['server.js', 'config/**/*.js', 'app/**/*.js']
      }
    }
  },
  mochaTest: {
    src: 'app/tests/**/*.js',
    options: {
      reporter: 'spec'
    }
  },
  karma: {
    unit: {
      configFile: 'karma.conf.js'
    }
  },
  protractor: {
    e2e: {
      options: {
        configFile: 'protractor.conf.js'
      }
    }
  },
  jshint: {
    all: {
      src: ['server.js', 'config/**/*.js', 'app/**/*.js', 'public/js/*.js',
        'public/modules/**/*.js']
    }
  },
  csslint: {
    all: {
      src: 'public/modules/**/*.css'
    }
  },
  watch: {
    js: {
      files: ['server.js', 'config/**/*.js', 'app/**/*.js', 'public/js/*.js',
        'public/modules/**/*.js'],
      tasks: ['jshint']
    },
    css: {
      files: 'public/modules/**/*.css',
      tasks: ['csslint']
    }
  },
  concurrent: {
    dev: {
      tasks: ['nodemon', 'watch'],
      options: {
        logConcurrentOutput: true
      }
```

11

```
        }
      }
});

grunt.loadNpmTasks('grunt-env');
grunt.loadNpmTasks('grunt-nodemon');
grunt.loadNpmTasks('grunt-mocha-test');
grunt.loadNpmTasks('grunt-karma');
grunt.loadNpmTasks('grunt-protractor-runner');
grunt.loadNpmTasks('grunt-contrib-jshint');
grunt.loadNpmTasks('grunt-contrib-csslint');
grunt.loadNpmTasks('grunt-contrib-watch');
grunt.loadNpmTasks('grunt-concurrent');

grunt.registerTask('default', ['env:dev', 'lint', 'concurrent']);
grunt.registerTask('test', ['env:test', 'mochaTest', 'karma', 'protractor']);
grunt.registerTask('lint', ['jshint', 'csslint']);
};
```

上述代码先是修改了传给 grunt.initConfig() 方法的配置对象，增加了两个新任务的配置。前一个是配置 watch 任务，其用于监视 JavaScript 文件和 CSS 文件，当有文件发生变化时，自动执行 jshint 任务和 csslint 任务。后一个是配置 concurrent 任务，其用于同时执行 nodemon 任务和 watch 任务。该任务还有个 logConcurrentOutput 参数，当其设置为 true 时，可记录同时执行的任务的终端输出。配置完后，使用 grunt.loadNpmTasks() 方法加载了两个新的模块，最后在 default 任务中增加了新的 concurrent 子任务。

修改完 default 任务后，使用命令行工具进入应用根目录，执行如下命令：

```
$ grunt
```

如此，新添加的任务便可以运行了，当文件有修改时，不仅会重启应用，还会对文件进行代码检查。

Grunt 是个强大的工具，而且第三方提供的任务不断丰富着 Grunt 生态圈，从文件压缩到项目部署都能提供很好的支持。Grunt 还鼓励社区创造各种新的任务执行工具。与 Grunt 类似的工具，还有如日中天的 Gulp。你也可以通过 Grunt 的官网（http://gruntjs.com/）来查找你所需要的自动化工具。

## 11.2　使用 node-inspector 调试 Express 程序

MEAN 应用中 Express 部分的调试是个麻烦的工作。好在有 node-inspector 这样出色的工具来协助。node-inspector 是一个使用了 Blink（源自 WebKit）开发人员工具的 Node.js 调试工具。如果你用过 Chrome 的话，你应该不难发现 node-inspector 的界面与 Chrome 开发人员工具极其相似，它支持如下几个非常有用的调试功能。

- ❑ 源代码导航
- ❑ 断点操作
- ❑ 支持单步执行、步进、跳出、恢复执行
- ❑ 变量和属性检查
- ❑ 代码实时编辑

在利用node-inspector进行调试时，相当于是创建了一个跑着目标代码的Web服务器。通过兼容它的浏览器访问node-inspector的界面，即可通过它来调试应用代码。在使用之前，需要先安装和配置node-inspector，并对你的应用的运行方式做一些小的修改。node-inspector既可以独立使用，又可以作为Grunt的任务来使用。前面已经使用了Grunt，因此这里采用Grunt任务的方案来使用。

## 11.2.1 使用Grunt任务安装node-inspector

通过 Grunt 来 使 用 node-inspector需要安装的模块是 `grunt-node-inspector` ， 修 改 package.json文件如下：

```
{
  "name": "MEAN",
  "version": "0.0.11",
  "dependencies": {
    "express": "~4.8.8",
    "morgan": "~1.3.0",
    "compression": "~1.0.11",
    "body-parser": "~1.8.0",
    "method-override": "~2.2.0",
    "express-session": "~1.7.6",
    "ejs": "~1.0.0",
    "connect-flash": "~0.1.1",
    "mongoose": "~3.8.15",
    "passport": "~0.2.1",
    "passport-local": "~1.0.0",
    "passport-facebook": "~1.0.3",
    "passport-twitter": "~1.0.2",
    "passport-google-oauth": "~0.1.5",
    "socket.io": "~1.1.0",
    "connect-mongo": "~0.4.1",
    "cookie-parser": "~1.3.3"
  },
  "devDependencies": {
    "should": "~4.0.4",
    "supertest": "~0.13.0",
    "karma": "~0.12.23",
    "karma-jasmine": "~0.2.2",
    "karma-phantomjs-launcher": "~0.1.4",
    "grunt": "~0.4.5",
    "grunt-env": "~0.4.1",
    "grunt-nodemon": "~0.3.0",
```

**11**

```
    "grunt-mocha-test": "~0.11.0",
    "grunt-karma": "~0.9.0",
    "grunt-protractor-runner": "~1.1.4",
    "grunt-contrib-jshint": "~0.10.0",
    "grunt-contrib-csslint": "~0.2.0",
    "grunt-contrib-watch": "~0.6.1",
    "grunt-concurrent": "~1.0.0",
    "grunt-node-inspector": "~0.1.5"
  }
}
```

然后使用命令行工具进入应用根目录，执行npm命令进行安装。

```
$ npm install
```

安装成功后，即可在grunt的配置文件中添加配置。

## 11.2.2 使用Grunt任务配置node-inspector

node-inspector的Grunt配置与其他的任务都非常类似。但依然是要进行配置的，编辑Gruntfile.js文件，配置node-inspector任务如下：

```
module.exports = function(grunt) {
  grunt.initConfig({
    env: {
      test: {
        NODE_ENV: 'test'
      },
      dev: {
        NODE_ENV: 'development'
      }
    },
    nodemon: {
      dev: {
        script: 'server.js',
        options: {
          ext: 'js,html',
          watch: ['server.js', 'config/**/*.js', 'app/**/*.js']
        }
      },
      debug: {
        script: 'server.js',
        options: {
          nodeArgs: ['--debug'],
          ext: 'js,html',
          watch: ['server.js', 'config/**/*.js', 'app/**/*.js']
        }
      }
    },
    mochaTest: {
      src: 'app/tests/**/*.js',
```

```
      options: {
        reporter: 'spec'
      }
    },
    karma: {
      unit: {
        configFile: 'karma.conf.js'
      }
    },
    protractor: {
      e2e: {
        options: {
          configFile: 'protractor.conf.js'
        }
      }
    },
    jshint: {
      all: {
        src: ['server.js', 'config/**/*.js', 'app/**/*.js', 'public/js/*.js',
          'public/modules/**/*.js']
      }
    },
    csslint: {
      all: {
        src: 'public/modules/**/*.css'
      }
    },
    watch: {
      js: {
        files: ['server.js', 'config/**/*.js', 'app/**/*.js', 'public/js/*.js',
          'public/modules/**/*.js'],
        tasks: ['jshint']
      },
      css: {
        files: 'public/modules/**/*.css',
        tasks: ['csslint']
      }
    },
    concurrent: {
      dev: {
        tasks: ['nodemon', 'watch'],
        options: {
          logConcurrentOutput: true
        }
      },
      debug: {
        tasks: ['nodemon:debug', 'watch', 'node-inspector'],
        options: {
          logConcurrentOutput: true
        }
      }
    },
    'node-inspector': {
      debug: {}
```

```
        }
    });

    grunt.loadNpmTasks('grunt-env');
    grunt.loadNpmTasks('grunt-nodemon');
    grunt.loadNpmTasks('grunt-mocha-test');
    grunt.loadNpmTasks('grunt-karma');
    grunt.loadNpmTasks('grunt-protractor-runner');
    grunt.loadNpmTasks('grunt-contrib-jshint');
    grunt.loadNpmTasks('grunt-contrib-csslint');
    grunt.loadNpmTasks('grunt-contrib-watch');
    grunt.loadNpmTasks('grunt-concurrent');
    grunt.loadNpmTasks('grunt-node-inspector');

    grunt.registerTask('default', ['env:dev', 'lint', 'concurrent:dev']);
    grunt.registerTask('debug', ['env:dev', 'lint', 'concurrent:debug']);
    grunt.registerTask('test', ['env:test', 'mochaTest', 'karma', 'protractor']);
    grunt.registerTask('lint', ['jshint', 'csslint']);
};
```

上面的代码主要是修改了传给 grunt.initConfig() 方法的配置对象。首先是修改了
nodemon 任务，添加了一个 debug 子任务，新的子任务通过使用 nodeArgs 属性，可以以调试模
式运行应用。接着修改了 concurrent 任务，同样也是添加了 debug 子任务，该子任务会同时执
行 nodemon:debug 、 watch 和 node-inspector 三个任务。第三个改动是添加了名为
node-inspector 的任务配置对象。然后加载了新的 grunt-node-inspector 模块。最后添加
了新的 debug 任务，修改了 default 任务。

> 你可以通过访问 Node-inspector 的官方文档（ https://github.com/node-
> inspector/node-inspector）进一步了解其配置。

### 11.2.3    使用Grunt任务运行调试

使用命令行工具进入应用根目录，执行如下命令运行新的 debug 任务：

```
$ grunt debug
```

这样便可以开启 node-inspector 的服务器，并以调试模式启动应用。命令行将会出现与下图类
似的输出。

node-inspector的命令行输出

根据node-inspector的命令行输出提示，通过浏览器访问http://127.0.0.1:8080/debug?port=5858using便可开始调试。在Chrome中打开上述地址，可以看到如下的网页。

node-inspector的调试界面

上面的网页界面中，左侧是项目的文件目录树，中间是文件内容查看器，右侧是调试工具栏。看到这个界面，就表明node-inspector已经正常运行，并且已经识别到了Express项目。可以通过设置断点来测试应用各组件的行为。

11

node-inspector只能在支持Blink引擎的Google Chrome和Opera上使用。

## 11.3　使用 Batarang 调试 AngularJS 程序

　　MEAN应用中AngularJS部分通常都是在浏览器中完成的。但对AngularJS的内部操作进行调试就比较棘手了。为了解决这个问题，AngularJS团队开发了一款名为Batarang的Chrome插件。Batarang是直接对Chrome开发人员工具进行扩展，创建了一个新的标签页，可对AngularJS应用进行全方位的调试。Batarang 的安装也很简单，直接用 Chrome 打开 Chrome 应用商店（ https://chrome.google.com/webstore/detail/angularjs-batarang/ighdmehidhipcmcojjgiloacoafjmpfk ），再点击"安装"按钮即可。但是，应用商店的版本目前并不是非常的稳定，使用也不是很方便，本书将以0.4.3版为例进行介绍。0.4.3的安装步骤如下所示。

- ❑ 打开https://github.com/angular/angularjs-batarang/releases，找到0.4.3版本的zip包下载，下载完成后解压到本地磁盘中的任意目录，文件夹名为angularjs-batarang-0.4.3。
- ❑ 打开Chrome，点击菜单"更多工具"下的"扩展程序"，打开Chrome的扩展管理界面。
- ❑ 勾选扩展管理界面右上角的"开发者模式"复选框，会出现几个隐藏的按钮。
- ❑ 点击新出现的"加载正在开发的扩展程序…"按钮，然后选择刚刚解压的angularjs-batarang-0.4.3文件夹，再点击"确定"按钮即可完成安装。

Batarang只支持Google的Chrome和Chromium浏览器。

### Batarang的使用

　　安装完成后，在Chrome中打开MEAN应用，再打开Chrome开发人员工具面板，便可以看到一个名为AngularJS的标签页，点击打开它，可以看到一个和下图类似的界面。

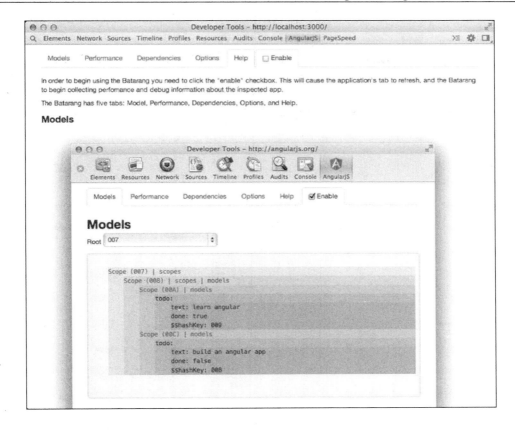

Batarang的界面

　　注意，若要使用Batarang，需要先选中面板顶部的"Enable"复选框。Batarang有四个标签页，分别是Models、Performance、Dependencies和Options，Help中是对Batarang的使用介绍。

## 1. Batarang查看模型

进入Batarang的Models页，便可以看到与下图类似的界面。

11

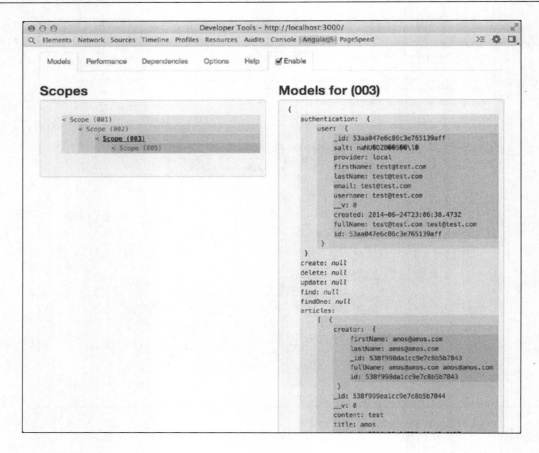

Batarang的模型页

在面板的左侧，可以看到当前页的scopes层级。选中一个scope后，对应的model便会显示在面板的右侧。上面的屏幕截图中，可以看到前面的articles模型。

## 2. Batarang查看性能

进入Batarang的Performance页，可以看到和下图类似的界面。

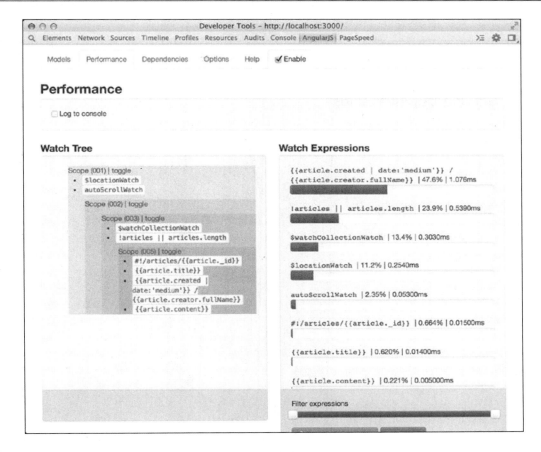

Batarang的性能页

在面板的左侧，可以看到以树状组织的应用内所有监视的表达式，面板的右侧，可以看到应用内所有监视的表达式的性能状态和相对大小和绝对耗时。上图中是articles的性能报告。

### 3. Batarang查看依赖

进入Batarang的Dependencies页，可以看到和下图类似的界面。

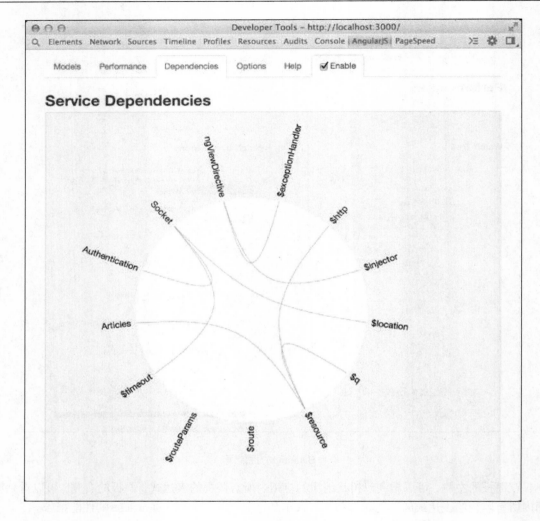

Batarang的依赖页

　　该依赖页以可视化的方式展示了AngularJS应用中的服务依赖。当用鼠标悬停在某个服务上时，被选中的服务会变成绿色，它的依赖会变成红色。

### 4. Batarang的选项

　　Batarang还可以对AngularJS的组件元素进行高亮。进入Batarang的Options页，可以看到和下图类似的界面。

Batarang的选项页

当这三个选项被选中时，Batarang会对应用中对应的部分单独高亮。scopes会用红色框表示，绑定使用蓝色框表示，应用会用绿色框表示。

Batarang是个简单而又强大的工具，如果没有它，调试时只能通过在终端打印日志的方式来定位错误，利用Batarang可以节约大量时间。好好地理解Batarang每个标签页的功能，并用它来查看应用的各个组件吧。

## 11.4  总结

本章介绍了如何在MEAN应用开发中使用自动化的工具。其中包括怎样分别调试应用中的Express部分和AngularJS部分，如何使用Grunt及其生态圈中的大量第三方任务，如何用Grunt使用一般的普通任务，以及如何将多个任务组合成自定义任务。还讨论了node-inspector的安装和配置，及如何使用Grunt和node-inspector来调试Express代码。最后，还介绍了Chrome扩展Batarang的使用，包括它的功能，及如何用它对AngularJS应用的内部进行调试。

本书的内容就到此为止了，想必你已经学会了MEAN应用的开发、运行、测试、调试，以及自动化工具的使用了吧。

路在脚下，任你闯荡！

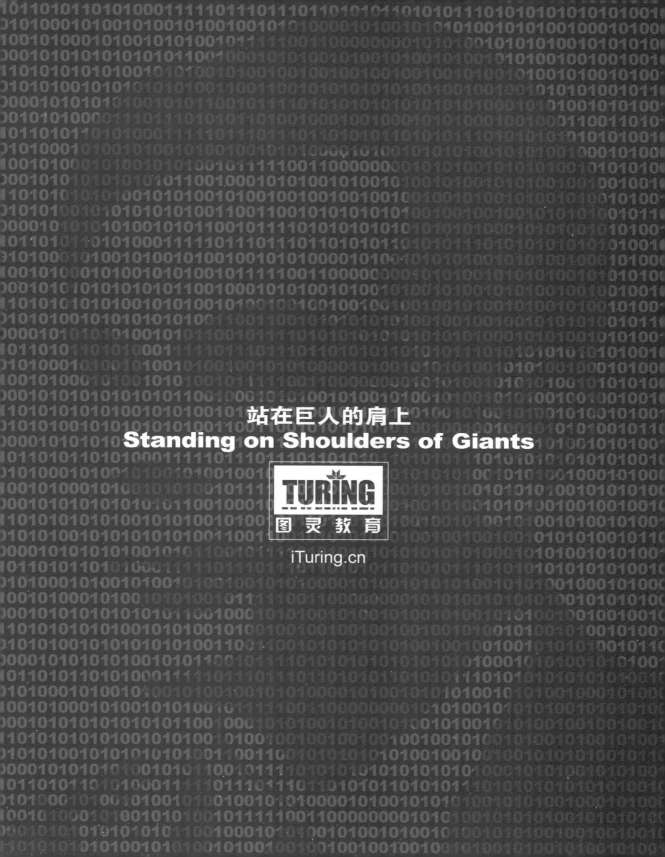

站在巨人的肩上
**Standing on Shoulders of Giants**

iTuring.cn

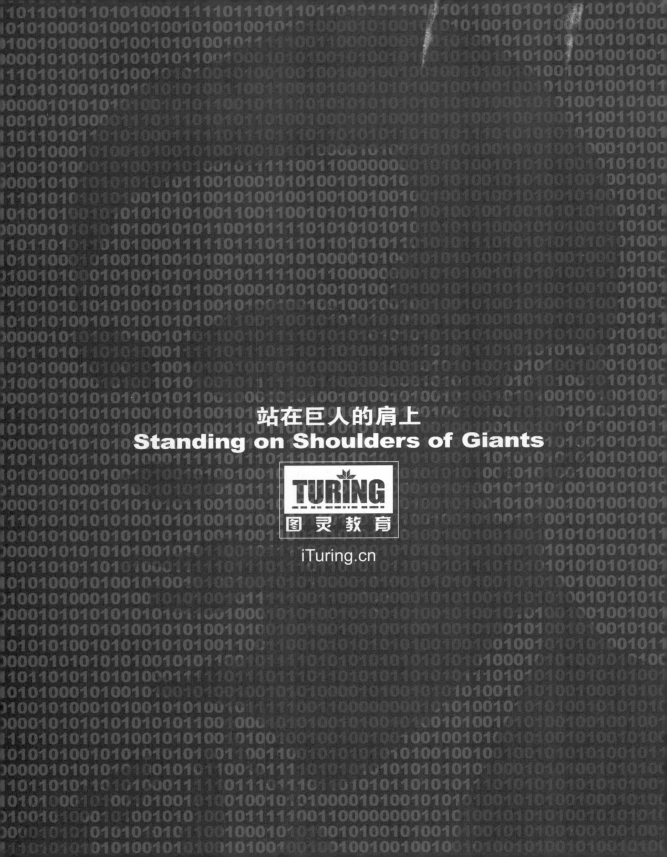

站在巨人的肩上
**Standing on Shoulders of Giants**

iTuring.cn